自然资源研究丛书

广西主要藤本植物图鉴

唐　庆　邓荣艳　林　茂　主编

广西科学技术出版社

图书在版编目（CIP）数据

广西主要藤本植物图鉴 / 唐庆，邓荣艳，林茂主编 . —
南宁 : 广西科学技术出版社，2022.12
ISBN 978-7-5551-1673-8

Ⅰ . ①广… Ⅱ . ①唐… ②邓… ③林… Ⅲ . ①藤属 –
园林植物 – 广西 – 图集 Ⅳ . ① Q949.71-64

中国版本图书馆 CIP 数据核字（2021）第 185163 号

GUANGXI ZHUYAO TENGBEN ZHIWU TUJIAN

广西主要藤本植物图鉴

唐庆 邓荣艳 林茂 主 编

责任编辑：黎志海 梁珂珂 装帧设计：梁 良
责任校对：冯 靖 责任印制：陆 弟

出 版 人：卢培钊
出版发行：广西科学技术出版社
社 址：广西南宁市东葛路 66 号 邮政编码：530023
网 址：http://www.gxkjs.com

经 销：全国各地新华书店
印 刷：广西民族印刷包装集团有限公司
地 址：南宁市高新区高新三路 1 号 邮政编码：530007

开 本：787 mm × 1092 mm 1/16
字 数：384 千字 印 张：21.5
版 次：2022 年 12 月第 1 版
印 次：2022 年 12 月第 1 次印刷
书 号：ISBN 978-7-5551-1673-8
定 价：198.00 元

《广西主要藤本植物图鉴》
编委会

主　编： 唐　庆　邓荣艳　林　茂

副主编： 李进华　梁燕芳　唐忠国　王　磊　邓　力

编　委： 唐　庆[1]　林　茂[1]　李进华[1]　李　冰[1]　孙利娜[1]　陈　尔[1]　廖美兰[1]

孙开道[1]　杨舒婷[1]　杜　铃[1]　杨开太[1]　黄　欣[1]　秦　波[1]　林建勇[1]

韦　维[1]　丘小军[1]　龙定建[1]　石继清[1]　吴国文[1]　谢劲松[1]　张　丽[1]

汪小玉[1]　邓荣艳[2]　王　磊[2]　杨　梅[2]　唐世斌[2]　秦武明[2]　梁燕芳[3]

易冠明[3]　朱原立[3]　杨中宁[3]　苏福聪[3]　李祖毅[3]　蒙宇平[3]　毛　纯[3]

何艳燕[3]　李书玲[3]　潘玉华[3]　唐忠国[4]　邹一强[4]　葛　明[4]　霍　典[4]

邓　力[5]　陆海燕[5]　黄正根[5]　欧成军[5]　徐国梁[5]　陈　恋[5]　黄　森[5]

李秋荔[5]　唐　靖[5]　陈　燕[5]　李　满[6]　邓凤玲[7]

照片拍摄人员： 邓荣艳　林　茂　李进华　王　磊　李　冰　李　满　林建勇

编著单位： 1.广西壮族自治区林业科学研究院

2.广西大学

3.广西壮族自治区国有七坡林场

4.广西交通投资集团崇左高速公路运营有限公司

5.广西壮族自治区国有钦廉林场

6.广西壮族自治区林业勘测设计院

7.南宁经济技术开发区社会事业局

前　言

广西壮族自治区（以下简称"广西"）位于我国南方，南邻热带海洋，北接南岭山地，西延云贵高原，北回归线横贯中部，跨中亚热带、南亚热带和北热带3个气候带，地形地貌复杂，水热条件优越，具有丰富的藤本植物资源。

藤本植物是指茎干细长，自身不能直立生长，必须依附他物而向上攀缘的植物。根据茎的质地，可分为草质藤本植物和木质藤本植物；根据攀附方式，可分为缠绕藤本植物、吸附藤本植物、卷须藤本植物和攀缘藤本植物。

藤本植物具有观赏、药用、食用、工业用等价值，部分种类目前已有一定程度的开发应用，但总体上应用的种类仍不多，许多野生种类还不为人们所了解，尚未得到深入研究及有效开发利用。为加深认识，加强研究，增强种质资源保护意识，促进藤本植物开发应用，本团队在大量野外调查及多年项目研究的基础上，编写成本书。

本书收载广西境内主要藤本植物68科168属300种，其中蕨类植物2科2属4种，种子植物66科166属296种（裸子植物1科1属2种，被子植物65科165属294种）；野生种246种，栽培种54种。每种植物均选配有照片。

书中简明扼要地介绍了每种藤本植物的名称（中文名、学名和部分种的中文别名），科属，识别特征，花果期，分布和用途。中文名、学名、中文别名、科属主要参考《广西植物名录》，识别特征主要参考《中国植物志》和《中国高等植物》，分布以"广西各地""桂东地区""桂西地区""桂北地区""桂南地区""桂中地区"等表示，其中桂北地区包括桂林市及周边市的部分地区，桂中地区包括柳州市、来宾市大部分地区，桂东地区包括梧州市、贺州市、玉林市和贵港市，桂南地区包括南宁市、崇左市、北海市、钦州市、防城港市，桂西地区包括百色市和河池市。

书中各科的排列，蕨类植物按秦仁昌系统（1978年）编排，裸子植物按郑万钧、傅立国1977年在《中国植物志》中的系统编排，被子植物按哈钦松系统（1926年、1934年）编排；属、种则按拉丁字母顺序排列。

本书的出版得到了广西壮族自治区科学技术厅广西科技基地和人才专项项目"广西特色藤本植物种质资源库建设与应用研究"（项目编号为桂科 AD17129021）、广西壮族自治区林业局花卉专项项目"广西主要乡土观赏树种名录"的支持，得到了广西大学林学院学生农海莹、熊莹莹、滕振仟、王忠宁、邓超丽、谭宝梅、陈燕琴、韦慧珊、陈秀兰等在图片筛选、文字录入及整理方面的帮助，还得到了诸多单位及人员的协助，在此一并致以谢意。

由于编者水平有限，书中遗漏或错误之处在所难免，敬请读者批评指正。

编者

2022 年 8 月

目　录

蕨类植物门
Pteridophyta

藤石松 *Lycopodiastrum casuarinoides* (Spring) Holub

科　　属：石松科藤石松属。

别　　名：吊壁伸筋。

识别特征：地上主茎木质藤状，圆柱形。不育枝柔软，黄绿色；小枝扁平，密生；叶螺旋状排列，叶基扭曲，斜上；叶片钻状，上弯，先端渐尖且具长芒，边缘全缘，基部下延，无柄。能育枝柔软，红棕色；小枝扁平；叶螺旋状排列，稀疏，贴生；叶片鳞片状，先端渐尖，具芒，边缘全缘，基部下延，无柄。孢子囊穗生于多回二叉分枝的能育枝顶端，排成圆锥状，具直立总柄和小柄，弯曲，熟时红棕色。

分　　布：广西各地。

用　　途：观赏、药用。

藤石松 *Lycopodiastrum casuarinoides* (Spring) Holub

海金沙 *Lygodium japonicum* (Thunb.) Sw.

科　　属：海金沙科海金沙属。

识别特征：草质攀缘藤本。叶轴具窄边；羽片多数，对生于叶轴短距两侧，平展，距端有1丛黄色柔毛；不育羽片尖三角形，两侧有窄边，二回羽状，干后褐色；能育羽片卵状三角形，二回羽状。孢子囊穗长度超过小羽片中央不育部分，排列稀疏，熟时暗褐色。

分　　布：广西各地。

用　　途：药用。

海金沙 *Lygodium japonicum* (Thunb.) Sw.

小叶海金沙 *Lygodium microphyllum* (Cav.) R. Br.

科　　属：海金沙科海金沙属。

识别特征：草质攀缘藤本。叶轴纤细，二回羽状；羽片多数，对生于叶轴的距上，距端密生红棕色毛；不育羽片生于叶轴下部，长圆形，奇数羽状，顶生小羽片有时二叉状，干后暗黄绿色；能育羽片长圆形，通常奇数羽状。孢子囊穗排列于叶缘，到达先端，线形，熟时黄褐色。

分　　布：广西各地。

用　　途：药用。

小叶海金沙 *Lygodium microphyllum* (Cav.) R. Br.

羽裂海金沙 *Lygodium polystachyum* Wall. ex T. Moore

科　　属：海金沙科海金沙属。

识别特征：攀缘草本。叶轴深棕色，密被红棕色长毛；羽片多数，对生于叶轴的短距上，两侧伸展，距端具1丛红棕色长毛；不育羽片生于叶轴下部，窄长圆形，奇数二回浅裂，裂片长圆形，边缘全缘，有毛，叶两面沿中脉及小脉具长灰毛；能育羽片与不育羽片同形，略窄，末回裂片较窄，生孢子囊穗。孢子囊穗线形，熟时灰褐色或绿褐色。

分　　布：桂西地区。

用　　途：药用。

裸子植物亚门 Gymnospermae

买麻藤 *Gnetum montanum* Markgr.

科　　属：买麻藤科买麻藤属。

别　　名：倪藤、接骨藤。

识别特征：大型缠绕木质藤本。小枝表面光滑。单叶对生；叶片长圆形，先端具短钝尖头，基部圆形或宽楔形。雄球花穗有13～17轮环状总苞，每轮总苞内具雄花20～45朵；雌球花穗每轮总苞内具雌花5～8朵。种子长圆状卵球形或长圆柱形，熟时黄褐色或红褐色，光滑，具明显的柄。

花 果 期：花期6～7月，种子8～10月成熟。

分　　布：广西各地。

用　　途：药用、食用。

小叶买麻藤 *Gnetum parvifolium* (Warb.) Chun

科　　属：买麻藤科买麻藤属。

别　　名：大节藤、五层风、铁钻。

识别特征：缠绕木质藤本。茎枝常较细弱，茎皮上皮孔较明显。单叶对生；叶片椭圆形、窄长椭圆形或长倒卵形，先端尖或渐尖而钝，基部宽楔形或微圆。雄球花穗有5～10轮环状总苞，每轮总苞内具雄花40～70朵；雌球花穗每轮总苞具雌花5～8朵。种子长椭球形或窄长圆柱状倒卵形，熟时红色，无柄或近无柄。

花 果 期：花期4～7月，种子7～11月成熟。

分　　布：广西各地。

用　　途：药用、食用。

被子植物亚门 Angiospermae
双子叶植物纲 Dicotyledoneae

黑老虎 *Kadsura coccinea* (Lem.) A. C. Sm.

科　　属：五味子科南五味子属。

别　　名：中泰南五味子、大钻骨风。

识别特征：缠绕木质藤本。单叶互生；叶片长圆形或卵状披针形，先端钝或短渐尖，基部宽楔形或近圆形，边缘全缘。花单生于叶腋，雌雄异株；花被片红色，10～16枚；雄花花托长圆锥状，雄蕊群椭球形或近球形，具14～48枚离生雄蕊；雌花花托近球形，心皮50～80个。聚合果近球形，熟时红色或暗紫色；小浆果倒卵球形，不露出种子。种子心形或卵状心形。

花 果 期：花期4～7月，果期7～11月。

分　　布：广西各地。

用　　途：观赏、食用、药用。

南五味子 *Kadsura longipedunculata* Finet et Gagnep.

科　　属：五味子科南五味子属。

别　　名：小钻、小钻骨风。

识别特征：缠绕木质藤本。单叶互生；叶片长圆状披针形、倒卵状披针形或卵状长圆形，先端渐尖或尖，基部窄楔形或宽楔形，边缘疏生齿。花单生于叶腋，雌雄异株；花被片白色或淡黄色，8～17枚；雄花花托椭球形，雄蕊30～70枚；雌蕊群椭球形或球形，雌蕊40～60枚。聚合果球形；小浆果倒卵球形，外果皮薄革质，干时显出种子。种子肾形或肾状椭球形。

花 果 期：花期6～9月，果期9～12月。

分　　布：桂北地区、桂南地区、桂东地区、桂中地区。

用　　途：观赏、药用、食用。

鹰爪花 *Artabotrys hexapetalus* (L. f.) Bhandari

科　　属：番荔枝科鹰爪花属。

识别特征：攀缘灌木。小枝近无毛。单叶互生；叶片长圆形或宽披针形，先端渐尖或尖，基部楔形。花1～2朵生于钩状花序梗上，芳香；萼片绿色，卵形；花瓣淡绿色或黄色，长圆形或披针形；雄蕊多数；柱头线状长椭球形。果卵球形，先端尖，数个簇生。

花 果 期：花期5～8月，果期8～12月。

分　　布：桂南地区、桂东地区、桂西地区、桂北地区。

用　　途：观赏、药用、工业用。

假鹰爪 *Desmos chinensis* **Lour.**

科　　属：番荔枝科假鹰爪属。

别　　名：鸡爪枫、酒饼叶。

识别特征：直立或攀缘灌木。枝条具纵纹和灰白色皮孔。单叶互生；叶片长圆形或椭圆形，先端钝尖或短尾尖，基部圆形或稍偏斜，背面粉绿色。花单朵与叶对生或互生；萼片卵形；花瓣6片，黄色，排成2轮；花托突起，上部平或微凹；花药长圆柱形；柱头近头状。果念珠状。

花 果 期：花期4～10月，果期6～12月。

分　　布：广西各地。

用　　途：观赏、药用。

瓜馥木 *Fissistigma oldhamii* (Hemsl.) Merr.

科　　属：番荔枝科瓜馥木属。

别　　名：长柄瓜馥木、香藤风。

识别特征：攀缘灌木。小枝被黄褐色柔毛。单叶互生；叶片倒卵状椭圆形或长圆形，先端圆形或微凹，基部阔楔形或圆形；叶柄被短柔毛。花1～3朵集成密伞花序；萼片阔三角形；外轮花瓣卵状长圆形；雄蕊长圆柱形；心皮被长绢质柔毛；柱头顶部2裂。果圆球状，密被黄棕色茸毛。

花 果 期：花期4～9月，果期7月至翌年2月。

分　　布：广西各地。

用　　途：药用、食用、工业用。

瓜馥木 *Fissistigma oldhamii* (Hemsl.) Merr.

黑风藤 *Fissistigma polyanthum* (Hook. f. et Thomson) Merr.

科　　属：番荔枝科瓜馥木属。

别　　名：多花瓜馥木。

识别特征：攀缘灌木。根黑色，撕裂后溢出浓郁香气。小枝、叶背、叶柄均被短柔毛。单叶互生；叶片长圆形、倒卵状长圆形或椭圆形，先端急尖、圆形或微凹。花小，通常 3 ～ 7 朵集成密伞花序，花序广布于小枝上，腋生、与叶对生或腋外生；萼片阔三角形；外轮花瓣卵状长圆形，内轮花瓣长圆形。果圆球形，被黄色短柔毛。

花 果 期：花期几乎全年，果期 3 ～ 10 月。

分　　布：广西各地。

用　　途：药用。

光叶紫玉盘 *Uvaria boniana* Finet et Gagnep.

科　　　属：番荔枝科紫玉盘属。

识别特征：攀缘灌木。除花外全株无毛。单叶互生；叶片长圆形或长圆状卵圆形，先端渐尖或急尖，基部楔形或圆形。花 1 ～ 2 朵与叶对生或腋外生；花梗柔弱，中部以下通常有小苞片；萼片卵圆形；花瓣紫红色，外轮花瓣阔卵形，内轮花瓣比外轮花瓣稍小；柱头马蹄形，顶部 2 裂。果球形或椭圆状卵球形，熟时紫红色。

花　果　期：花期 5 ～ 10 月，果期 6 月至翌年 4 月。

分　　　布：桂东地区、桂南地区。

用　　　途：药用。

山椒子 *Uvaria grandiflora* Roxb.

科　　属：番荔枝科紫玉盘属。

识别特征：攀缘灌木。全株密被黄褐色星状柔毛或茸毛。单叶互生；叶片长圆状倒卵形，先端尖或短渐尖，基部浅心形；叶柄粗。花单朵与叶对生；萼片宽卵圆形；花瓣卵形或长卵形，紫红色或深红色，长为萼片的2～3倍；花药长圆柱形或线形；柱头2裂，内卷。果圆柱状，顶部具尖头。

花 果 期：花期3～11月，果期5～12月。

分　　布：桂南地区。

用　　途：观赏、药用、工业用。

紫玉盘 *Uvaria macrophylla* Roxb.

科　　属: 番荔枝科紫玉盘属。

别　　名: 那大紫玉盘。

识别特征: 直立或攀缘灌木。全株被星状毛。单叶互生;叶片长倒卵形或长椭圆形,基部近圆形或浅心形。花1~2朵与叶对生;萼片宽卵形;花瓣暗紫红色或淡红褐色,内外轮花瓣等大,宽卵形;雄蕊线形;柱头马蹄形,2裂,内卷。果球形或卵球形,熟时暗紫褐色,顶部具短尖头。

花 果 期: 花期3~8月,果期7月至翌年3月。

分　　布: 桂南地区、桂中地区、桂东地区、桂西地区。

用　　途: 观赏、药用。

宽药青藤 *Illigera celebica* Miq.

科　　属：青藤科青藤属。

别　　名：土白芍、三根风、白吹风散。

识别特征：缠绕木质藤本。茎具纵沟棱。三出复叶互生；小叶卵形至卵状椭圆形，两面无毛，先端突然渐尖，基部圆形至近心形。聚伞圆锥花序腋生；小苞片小；萼片 5 枚，椭圆状长圆形；花瓣 5 片，红褐色，与萼片同形；雄蕊 5 枚，开花后花丝长为花瓣的 2 倍以上；子房下位，四棱柱形；花盘上的腺体 5 裂，球形。坚果具 4 翅。

花果期：花期 4 ～ 10 月，果期 6 ～ 11 月。

分　　布：桂南地区、桂东地区、桂西地区、桂中地区。

用　　途：观赏。

小花青藤 *Illigera parviflora* Dunn

科　　属：青藤科青藤属。

别　　名：黑九牛、谷风藤。

识别特征：缠绕木质藤本。茎具纵沟棱，幼枝被微柔毛。三出复叶互生，无毛；小叶椭圆状披针形或椭圆形，先端渐尖或长渐尖，基部宽楔形、偏斜，两面无毛。花序密被灰褐色微柔毛；萼片绿色，椭圆状长圆形；花瓣白色；花盘上的腺体 3 裂。坚果具 4 翅。

花　果　期：花期 5～10 月，果期 11～12 月。

分　　布：广西各地。

用　　途：观赏、药用。

小花青藤 *Illigera parviflora* Dunn

红花青藤 *Illigera rhodantha* Hance

科　　属：青藤科青藤属。

别　　名：毛青藤。

识别特征：木质藤本。茎具沟棱；幼枝、叶柄、小叶柄均被金黄褐色茸毛。三出复叶互生；小叶卵形至倒卵状椭圆形或卵状椭圆形，先端钝，基部圆形或近心形，边缘全缘。聚伞圆锥花序腋生，狭长，密被金黄褐色茸毛；萼片紫红色，长圆形；花瓣与萼片同形，玫瑰红色；花盘上的腺体5裂。坚果具4翅。

花　果　期：花期6～11月，果期12月至翌年5月。

分　　布：广西各地。

用　　途：观赏、药用。

小木通 *Clematis armandii* Franch.

科　　属：毛茛科铁线莲属。

识别特征：缠绕木质藤本。枝疏被柔毛。三出复叶对生；小叶窄卵形或披针形，先端渐尖或渐窄，基部圆形、近心形或宽楔形，边缘全缘，两面无毛。花序腋生，多花；苞片窄长圆形；萼片4（5）枚，白色或粉红色，平展，窄长圆形或长圆形，边缘被短柔毛；无花瓣；雄蕊无毛，花药窄长圆柱形或线形。瘦果窄卵球形；宿存花柱羽毛状。

花　果　期：花期3～4月，果期4～7月。

分　　布：桂南地区、桂北地区、桂西地区。

用　　途：观赏、药用。

铁线莲 *Clematis florida* Thunb.

科　　属：毛茛科铁线莲属。

识别特征：缠绕草质藤本。茎被短柔毛，具纵沟；节部膨大。一回或二回三出复叶对生；小叶窄卵形或披针形，先端尖，基部圆形或宽楔形，边缘全缘。花序腋生，具花1朵；苞片宽卵形或卵状三角形；萼片6枚，平展，倒卵形或菱状倒卵形；无花瓣；雄蕊无毛。瘦果宽倒卵球形，被柔毛；宿存花柱下部被开展柔毛，上部无毛。

花 果 期：花期1～2月，果期3～4月。

分　　布：南宁有栽培。

用　　途：观赏、药用。

锈毛铁线莲 *Clematis leschenaultiana* DC.

科　　属：毛茛科铁线莲属。

别　　名：金盏藤。

识别特征：缠绕木质藤本。枝密被柔毛。三出复叶对生；小叶卵形、窄卵形或卵状披针形，先端渐尖，基部圆形或宽楔形，边缘具小齿，腹面疏被柔毛，背面密被柔毛。花序腋生，具花 3～10 朵；花序梗、花梗及叶柄均被锈色茸毛；苞片披针形或为三出复叶；花丝被长柔毛，花药窄长圆柱形，无毛。瘦果近纺锤形，被毛；花柱宿存。

花 果 期：花期 1～2 月，果期 3～4 月。

分　　布：广西各地。

用　　途：观赏、药用。

毛柱铁线莲 *Clematis meyeniana* Walp.

科　　属：毛茛科铁线莲属。

识别特征：缠绕木质藤本。枝被柔毛。三出复叶对生；小叶卵形或椭圆状卵形，先端渐尖或尖，基部圆形、浅心形或宽楔形，边缘全缘，两面几乎无毛。花序腋生或顶生，多花；苞片钻形；萼片4枚，白色，平展，窄长圆形，边缘被茸毛；无花瓣；雄蕊无毛。瘦果镰状披针形，被毛；宿存花柱羽毛状；毛淡黄色。

花 果 期：花期6～8月，果期8～10月。

分　　布：广西各地。

用　　途：观赏、药用。

柱果铁线莲 *Clematis uncinata* Champ. ex Benth.

科　　属：毛茛科铁线莲属。

别　　名：老虎须。

识别特征：缠绕木质藤本。枝无毛。一回或二回羽状复叶对生，具小叶 5 ～ 15 片；小叶卵状椭圆形、卵形或窄卵形，先端渐尖或尖，基部圆形、宽楔形、近心形或平截，边缘全缘，背面被白粉。花序腋生或顶生，多花，无毛；苞片钻形或披针形；萼片 4 枚，白色，平展，窄长圆形，边缘具茸毛；无花瓣；雄蕊无毛。瘦果钻状。

花 果 期：花期 6 ～ 7 月，果期 7 ～ 9 月。

分　　布：广西各地。

用　　途：观赏、药用。

木通 *Akebia quinata* (Houttuyn) Decaisne

科　　属：木通科木通属。

识别特征：落叶或半常绿缠绕木质藤本。幼枝淡红褐色。掌状复叶互生，通常具 5 片小叶；小叶倒卵形或倒卵状椭圆形，先端圆而稍凹，基部阔楔形或圆形，边缘全缘或浅波状。总状花序或伞房花序腋生；雄花生于花序上部，雌花生于花序基部或无雌花；雄花萼片淡紫色，卵形或椭圆形，雄蕊紫黑色；雌花萼片紫红色，卵形或卵圆形，退化雄蕊常与雌蕊同数、互生，雌蕊紫红色。蓇葖果熟时淡紫色。

花 果 期：花期 4 ～ 5 月，果期 6 ～ 8 月。

分　　布：南宁有栽培。

用　　途：观赏、药用、食用、工业用。

五月瓜藤 *Holboellia angustifolia* Wall.

科　　属：木通科八月瓜属。

识别特征：落叶木质藤本。茎具细纵纹。掌状复叶互生，具小叶 3 ～ 8 片；小叶窄长圆形、披针形，先端钝尖，具小尖头，基部楔形或钝圆，背面灰绿色。伞房花序数个簇生于叶腋；花芳香；雄花萼片黄白色或淡紫色；雌花萼片紫色，花径较雄花的大，具退化花瓣及雄蕊。蓇葖果熟时紫红色，长圆柱形，干后常结肠状。

花 果 期：花期 4 ～ 6 月，果期 8 ～ 10 月。

分　　布：桂北地区。

用　　途：观赏、药用、工业用。

野木瓜 *Stauntonia chinensis* DC.

科　　属：木通科野木瓜属。

别　　名：山芭蕉、牛牙标。

识别特征：缠绕木质藤本。茎绿色，具纵线纹。掌状复叶互生，具小叶 3 ～ 8 片；小叶长圆形、长圆状披针形或倒卵状椭圆形，先端渐尖，基部钝、圆形或楔形。花雌雄同株；伞房花序腋生；花序梗纤细，基部具大苞片；萼片淡黄色或乳白色，内面有紫斑；无花瓣。浆果椭球形，熟时橙黄色。

花 果 期：花期 3 ～ 4 月，果期 6 ～ 10 月。

分　　布：桂北地区、桂中地区。

用　　途：药用。

大血藤 *Sargentodoxa cuneata* (Oliv.) Rehder et E. H. Wilson

科　　属：大血藤科大血藤属。

别　　名：红藤、大红藤。

识别特征：落叶缠绕木质藤本。全株无毛。当年生枝暗红色。三出复叶或兼具单叶，互生；顶生小叶近菱状倒卵圆形，先端急尖，基部渐狭成短柄，边缘全缘；侧生小叶斜卵形，先端急尖，无小叶柄。总状花序，雄花与雌花同序或异序；苞片长卵形；萼片6枚，花瓣状，黄绿色或绿白色，长圆形；花瓣6片，小，蜜腺性，球形。浆果近球形，熟时黑蓝色。

花 果 期：花期4～5月，果期6～9月。

分　　布：桂北地区、桂西地区。

用　　途：观赏、药用。

粉叶轮环藤 *Cyclea hypoglauca* (Schauer) Diels

科　　属：防己科轮环藤属。

识别特征：缠绕木质藤本。小枝纤细。单叶互生；叶片阔卵状三角形至卵形，先端渐尖，基部平截至圆形，边缘全缘而稍反卷；掌状网脉具 5～7 条主脉；叶柄通常明显盾状着生。花序腋生；雄花序为间断的穗状花序；雄花萼片分离，倒卵形或倒卵状楔形，花瓣通常合生成杯状；雌花序为总状花序；雌花萼片近圆形，花瓣不等大。核果熟时红色。

花 果 期：花期 3～6 月，果期 7～8 月。

分　　布：广西各地。

用　　途：观赏、药用。

天仙藤 *Fibraurea recisa* Pierre

科　　属：防己科天仙藤属。

别　　名：大黄藤、黄连藤、黄藤。

识别特征：大型缠绕木质藤本。茎具深沟状纵裂纹；小枝及叶柄具纵纹。单叶互生；叶片长圆状卵形、宽卵形或宽卵圆形，先端稍骤尖或短渐尖，基部圆形或宽楔形；基出脉 3 ～ 5 条，侧脉 3 对；叶柄稍盾状着生。圆锥花序生于无叶老枝或老茎上。核果长圆柱状椭球形，熟时黄色。

花 果 期：花期春夏季，果期秋季。

分　　布：桂南地区。

用　　途：药用。

金线吊乌龟 *Stephania cephalantha* Hayata

科　　属：防己科千金藤属。

识别特征：缠绕草质藤本。块根团块状或近圆锥状，皮孔突起。小枝紫红色。单叶互生；叶片三角状扁圆形或近圆形，先端具小突尖，基部圆形或近平截；掌状网脉具 7 ～ 9 条主脉。雌雄花序均头状，具盘状花序托；雄花序梗丝状，常腋生并排成总状；雌花序梗粗，单生于叶腋。核果宽倒卵形，熟时红色。

花 果 期：花期 4 ～ 5 月，果期 6 ～ 7 月。

分　　布：桂北地区。

用　　途：观赏、药用、工业用。

广西地不容 *Stephania kwangsiensis* H. S. Lo

科　　属：防己科千金藤属。

识别特征：缠绕草质藤本。枝无毛。单叶互生；叶片三角状圆形或近圆形，边缘全缘或具角状粗齿，两面无毛，背面绿白色；掌状网脉具 10～11 条主脉；叶柄基部扭曲。复伞形聚伞花序腋生；雄花萼片 6 枚，淡绿色，排成 2 轮，花瓣 3 片，淡黄色，肉质，贝壳状；雌花萼片 1～2 枚，近卵形，花瓣 2 片，宽卵形或卵圆形。核果熟时红色。

花 果 期：花期 5 月。

分　　布：桂西地区、桂南地区、桂北地区。

用　　途：药用、工业用。

粪箕笃 *Stephania longa* Lour.

科　　属：防己科千金藤属。

识别特征：缠绕草质藤本。除花序外全株无毛。枝纤细，有纵条纹。单叶互生；叶片三角状卵形，先端钝，有小突尖，基部近平截或微圆形；掌状网脉具 10 ～ 11 条主脉；叶柄基部常扭曲。复伞形聚伞花序腋生；雄花序较纤细；雄花萼片 8 枚，排成 2 轮，花瓣 4 片或 3 片，绿黄色；雌花萼片 4 枚，花瓣 4 片。核果近球形，熟时红色。

花　果　期：花期春末夏初，果期秋季。

分　　布：广西各地。

用　　途：药用。

中华青牛胆 *Tinospora sinensis* (Lour.) Merr.

科　　属：防己科青牛胆属。

别　　名：宽筋藤。

识别特征：落叶缠绕木质藤本。幼枝绿色，被柔毛；老枝上的皮孔突起，常十字形开裂。单叶互生；叶片宽卵圆形，先端骤尖，基部深心形或浅心形，边缘全缘，两面被柔毛；基出脉5条。总状花序；雄花序单生或数个簇生，雌花序单生；雄花萼片6枚，排成2轮，花瓣6片，雄蕊6枚；雌花萼片、花瓣均与雄花的同形，心皮3个。核果熟时红色，近球形。

花 果 期：花期4月，果期5～6月。

分　　布：桂南地区。

用　　途：药用。

中华青牛胆 *Tinospora sinensis* (Lour.) Merr.

烟斗马兜铃 *Aristolochia gibertii* Hook.

科　　属：马兜铃科马兜铃属。

识别特征：多年生常绿缠绕木质藤本。全株无毛。单叶互生；叶片卵状心形、三角状心形或肾形，先端钝圆，基部心形。花单生于叶腋；花梗较长；花被筒基部膨大成球形，淡绿色，檐部较长，花被整体呈烟斗状且密布褐色条纹或斑块。蒴果长筒状。

花 果 期：花期夏季至秋季。

分　　布：南宁有栽培。

用　　途：观赏。

巨花马兜铃 *Aristolochia gigantea* Mart. et Zucc.

科　　属：马兜铃科马兜铃属。

识别特征：大型缠绕木质藤本。茎粗糙，具棱。单叶互生；叶片卵状心形，边缘全缘，先端短锐尖，基部心形。花单朵腋生；花被筒基部膨大成兜状，中部缢缩成颈，檐部扩大成旗状，布满紫褐色斑点或条纹。蒴果。

花 果 期：花期 2 ～ 11 月。

分　　布：南宁有栽培。

用　　途：观赏。

海南马兜铃 *Aristolochia hainanensis* Merr.

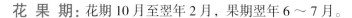

科　　属：马兜铃科马兜铃属。

别　　名：假黄藤。

识别特征：缠绕木质藤本。幼枝被褐色短柔毛，老茎具厚木栓层。单叶互生；叶片卵形、长卵形或卵状披针形，先端短渐尖或短尖，基部圆形，背面密被淡褐色或淡灰色长柔毛。总状花序腋生或生于老茎近基部；花被筒中部膝状弯曲呈囊状，檐部喇叭状长圆形，3 浅裂，花被裂片暗紫色，喉部近圆筒形，黄色。蒴果长椭球形或圆柱形。

花　果　期：花期 10 月至翌年 2 月，果期翌年 6～7 月。

分　　布：桂南地区。

用　　途：观赏、药用。

广西马兜铃 *Aristolochia kwangsiensis* Chun et F. C. How ex C. F. Liang

科　　属：马兜铃科马兜铃属。

别　　名：大叶马兜铃。

识别特征：大型缠绕木质藤本。块根椭球形或纺锤形。幼枝、叶背及花序常密被褐黄色或淡褐色长硬毛；老茎具厚木栓层。单叶互生；叶片卵状心形或圆形，先端钝或短尖，基部宽心形。总状花序；花被筒中部膝状弯曲，檐部盘状，近圆三角形，上面蓝紫色，被暗红色棘状突起，3 浅裂，花被裂片常外翻，喉部黄色，具领状环。蒴果长圆柱形。

花 果 期：花期 4～5 月，果期 8～9 月。

分　　布：桂西地区、桂南地区。

用　　途：观赏、药用。

耳叶马兜铃 *Aristolochia tagala* Champ.

科　　属：马兜铃科马兜铃属。

识别特征：缠绕草质藤本。根圆柱形。茎无毛。单叶互生；叶片卵状心形或长圆状卵形，先端短尖或渐尖，基部深心形，两面无毛。总状花序；花被筒基部缢缩成柄状，具关节，其上方呈球形，再向上骤缢缩成直管，管口漏斗状；檐部一侧延伸成长圆形舌片，先端钝圆，具突尖，绿色至暗紫色。蒴果倒卵状球形或长圆柱状倒卵球形。

花果期：花期 5～8 月，果期 10～12 月。

分　　布：桂南地区、桂东地区。

用　　途：观赏、药用。

山蒟 *Piper hancei* Maxim.

科　　属：胡椒科胡椒属。

识别特征：攀缘木质藤本。除花序轴及苞片基部外其余无毛。茎节生气生根。单叶互生；叶片卵状披针形或椭圆形，先端短尖或渐尖，基部渐窄或楔形；叶脉5～7条，网脉明显。花单性，雌雄异株；穗状花序与叶对生；雄花序黄色；苞片近圆形，盾状。核果球形，熟时黄色。

花 果 期：花期3～8月。

分　　布：桂北地区、桂东地区、桂南地区。

用　　途：观赏、药用。

小刺山柑 *Capparis micracantha* DC.

科　　属：白花菜科山柑属。

识别特征：灌木或小乔木，有时为攀缘灌木。全株无毛。单叶互生；叶片长圆形、椭圆形或长圆状披针形，先端钝圆或短渐尖，基部楔形或近圆形；网脉明显；托叶短刺状或无托叶刺。花单生或2～7朵排成纵列，腋生；花梗与叶柄之间有钻形小刺；萼片卵形至长圆形；花瓣白色，长圆形或倒披针形。浆果熟时橘红色，卵球形或椭球形。

花 果 期：花期3～5月，果期7～8月。

分　　布：桂南地区。

用　　途：药用。

屈头鸡 *Capparis versicolor* Griff.

科　　属：白花菜科山柑属。

别　　名：保亭槌果藤。

识别特征：直立或攀缘灌木。幼枝劲直；刺粗壮，尖端黑色。单叶互生；叶片椭圆形或长圆状椭圆形，先端钝圆或尖，常微缺，基部楔形；托叶2枚，刺状，下弯。近伞形花序腋生或顶生；花序梗粗壮，常有棱角；花芳香；花瓣白色或淡红色。浆果球形，熟时黑色，表面粗糙。

花 果 期：花期4～7月，果期8月至翌年2月。

分　　布：桂南地区、桂北地区、桂东地区。

用　　途：药用。

屈头鸡 *Capparis versicolor* Griff.

蝉翼藤 *Securidaca inappendiculata* Hassk.

科　　属：远志科蝉翼藤属。

识别特征：攀缘灌木。小枝细，被紧贴短伏毛。单叶互生；叶片椭圆形或倒卵状长圆形，先端急尖，基部宽楔形或近圆形；叶柄被平伏毛。圆锥花序顶生或腋生，被淡黄褐色短伏毛；萼片 5 枚，外面 3 枚长圆状卵形，里面 2 枚花瓣状，基部具爪；花瓣 3 片，淡紫红色。核果球形，顶部具革质翅；翅长圆形，具多条弧形脉。

花　果　期：花期 5 ~ 8 月，果期 10 ~ 12 月。

分　　布：桂南地区、桂东地区、桂西地区。

用　　途：观赏、药用。

珊瑚藤 *Antigonon leptopus* **Hook. et Arn.**

科　　属：蓼科珊瑚藤属。

识别特征：多年生攀缘木质藤本。块根肥厚。茎基部稍木质，具棱角和卷须，有棕褐色短柔毛。单叶互生；叶片卵形或卵状三角形，先端渐尖，基部心形，边缘近全缘，两面被棕褐色短柔毛；网脉明显。总状花序顶生或腋生；花序轴顶部延伸成卷须；花淡红色或白色。瘦果卵状三角锥形，包于宿存花被内。

花　果　期：夏秋季。

分　　布：广西各地有栽培。

用　　途：观赏。

何首乌 *Fallopia multiflora* (Thunb.) Haraldson

科　　属：蓼科何首乌属。

识别特征：多年生缠绕草质藤本。块根肥厚。茎多分枝，具纵棱。单叶互生；叶片卵形或长卵形，先端渐尖，基部心形或近心形，边缘全缘；托叶鞘膜质，偏斜。圆锥花序顶生或腋生，分枝开展；花被5深裂，白色或淡绿色。瘦果卵形，具3条棱，包于宿存花被内。

花 果 期：花期8～9月，果期9～10月。

分　　布：广西各地。

用　　途：观赏、药用。

落葵薯 *Anredera cordifolia* (Ten.) Steenis

科　　属：落葵科落葵薯属。

识别特征：缠绕草质藤本。根状茎粗壮。茎枝叶腋处生珠芽。单叶互生；叶片卵形或近圆形，先端尖，基部圆形或心形。总状花序下垂，多花；花序轴纤细；花托杯状；花被片白色，渐变黑，卵形、长圆形或椭圆形；雄蕊白色；花柱白色。胞果球形。

花 果 期：花期 6 ～ 10 月。

分　　布：广西各地有栽培。

用　　途：食用、药用。

叶子花 *Bougainvillea spectabilis* Willd.

科　　属：紫茉莉科叶子花属。

别　　名：三角梅、宝巾花、勒杜鹃。

识别特征：攀缘藤状灌木。枝、叶均密生柔毛；刺腋生，下弯。单叶互生；叶片椭圆形或卵形，基部圆形。聚伞花序腋生或顶生；苞片椭圆状卵形，基部圆形至心形，暗红色或紫红色；花被筒狭筒形，绿褐色，密被柔毛，顶部5～6裂；花被裂片开展，黄色。瘦果，表面密生毛。

花果期：花期几乎全年。

分　　布：广西各地有栽培。

用　　途：观赏、药用、生态修复。

锡叶藤 *Tetracera sarmentosa* (L.) Vahl

科　　属：五桠果科锡叶藤属。

别　　名：老糠藤、砂藤。

识别特征：常绿缠绕木质藤本。枝干粗糙。单叶互生；叶片矩圆形，先端钝或圆形，基部阔楔形或近圆形，常不等侧，边缘全缘或上半部具小钝齿，两面极粗糙；叶柄粗糙，有毛。圆锥花序顶生或生于侧枝顶，被贴生柔毛；多花；萼片5枚，离生，宿存，广卵形；花瓣通常3片，白色，卵圆形。蓇葖果熟时黄红色，具宿存花柱。

花 果 期：花期4～5月。

分　　布：桂南地区。

用　　途：药用。

西番莲 *Passiflora coerulea* L.

科　　属：西番莲科西番莲属。

识别特征：攀缘草质藤本。茎圆柱形；卷须腋生，卷曲。单叶互生；叶片常掌状分裂，基部心形；托叶肾形，抱茎；叶柄中部具 2 ～ 6 个腺体。聚伞花序仅具 1 朵花，与卷须对生；苞片宽卵形；萼片 5 枚，外面淡绿色，内面绿白色；花瓣 5 片，淡绿色；外副花冠裂片丝状，内副花冠流苏状。浆果卵球形至近球形，熟时橙黄色或黄色。

花 果 期：花期 5 ～ 7 月。

分　　布：南宁有栽培。

用　　途：观赏、食用、药用。

杯叶西番莲 *Passiflora cupiformis* Mast.

科　　属：西番莲科西番莲属。

别　　名：燕子尾、叉痔草。

识别特征：攀缘草质藤本。茎具卷须。单叶互生；叶片杯状，先端截形至2裂，基部圆形或心形，背面具6～25个腺体，裂片先端圆形或近钝尖；中脉在裂缺处延长成小尖头；叶柄近基部具2个盘状腺体。花序被棕色毛；花冠白色；副花冠裂片丝状，2轮排列，内副花冠褶状。浆果球形，熟时紫色。

花 果 期：花期4月，果期9月。

分　　布：桂西地区、桂南地区。

用　　途：药用。

心叶西番莲 *Passiflora eberhardtii* Gagnep.

科　　属：西番莲科西番莲属。

识别特征：攀缘木质藤本。茎、叶柄被微柔毛；茎具卷须。单叶互生；叶片宽卵形，先端急尖至短渐尖，基部心形，边缘全缘，背面密被淡黄色微柔毛并具散生小腺体；叶柄基部具2个大形杯状腺体。复伞房花序成对着生，开花后花序梗及花梗均俯倾，均具关节；花白色；外副花冠裂片丝状，内副花冠褶状。浆果球形，熟时黄绿色，表面被白粉。

花 果 期：花期2～5月，果期6月。

分　　布：桂西地区。

用　　途：药用。

鸡蛋果 *Passiflora edulis* Sims

科　　属：西番莲科西番莲属。

别　　名：百香果。

识别特征：草质藤本。单叶互生；叶片掌状 3 深裂，先端短渐尖，基部楔形或近心形，裂片边缘具齿，两面无毛；叶柄近顶端有 2 个腺体。聚伞花序具 1 朵花；花芳香；萼片长圆形，背面近顶端具角状附属物；花冠白色；花瓣披针形；副花冠裂片 4～5 轮，外面 2 轮丝状，与花瓣近等长，里面 2～3 轮极短，内副花冠皱褶。浆果卵球形。

花 果 期：花期 4～6 月，果期 7 月至翌年 4 月。

分　　布：桂南地区有栽培。

用　　途：观赏、食用、药用。

龙珠果 *Passiflora foetida* L.

科　　属：西番莲科西番莲属。

别　　名：山木鳖、香瓜子。

识别特征：攀缘草质藤本。茎柔弱，被平展柔毛；具卷须。单叶互生；叶片宽卵形、长圆状卵形或 3 浅裂，先端尖或渐尖，基部心形，边缘有缘毛及少数腺毛，两面及叶柄均被丝状长伏毛；托叶细线状分裂。聚伞花序具 1 朵花；苞片羽状分裂，裂片先端具腺毛；萼片长圆形；花白色或淡紫色，花瓣与萼片近等长；副花冠裂片 3 ~ 5 轮。浆果卵球形或球形。

花 果 期：花期 7 ~ 8 月，果期翌年 4 ~ 5 月。

分　　布：桂南地区、桂西地区、桂东地区。

用　　途：观赏、食用、药用。

龙珠果 *Passiflora foetida* L.

玛格丽特女士西番莲 *Passiflora* 'Lady Margaret'

科　　属：西番莲科西番莲属。

识别特征：攀缘草质藤本。茎具卷须。单叶互生；叶片掌状 3 裂，裂片卵状长圆形，中央裂片较大，边缘具齿，基部近心形。聚伞花序仅具 1 朵花；花大；萼片和花瓣均紫红色；副花冠丝状，上部紫红色，下部白色。浆果。

花 果 期：花期夏秋季。

分　　布：南宁有栽培。

用　　途：观赏。

红花西番莲 *Passiflora miniata* Vanderpl.

科　　属：西番莲科西番莲属。

识别特征：多年生攀缘草质藤本。茎圆柱形，具卷须。单叶互生；叶片长圆形至长卵形，或掌状 3 裂，基部心形，边缘具不规则浅疏齿。聚伞花序仅具 1 朵花；花冠红色；花瓣长披针形；副花冠排成 3 轮，最外轮紫褐色并散布有白色斑点，里面 2 轮白色；雄蕊紧贴雌蕊柄合生。浆果肉质，近球形。

花 果 期：花期夏秋季。

分　　布：桂南地区有栽培。

用　　途：观赏。

蝴蝶藤 *Passiflora papilio* H. L. Li

科　　属：西番莲科西番莲属。

别　　名：羊角断、半边叶。

识别特征：攀缘草质藤本。茎细弱，具条纹及卷须。单叶互生，腹面有6～8个腺体，基部截形或近圆形，先端叉状2裂，裂片卵形，先端急尖或钝尖；叶柄近基部具2个杯状腺体。聚伞花序成对生于卷须两侧，具5～8朵花，被棕色柔毛；萼片5枚，黄绿色；花瓣与萼片近似；外副花冠裂片2轮，线状，内副花冠褶状；具花盘。浆果球形。

花 果 期：花期4～5月，果期6～7月。

分　　布：广西各地。

用　　途：观赏、药用。

大果西番莲 *Passiflora quadrangularis* L.

科　　属：西番莲科西番莲属。

识别特征：攀缘草质藤本。幼茎四棱柱形，常具窄翅；卷须腋生。单叶互生；叶片宽卵形至近圆形，先端急尖，基部圆形，边缘全缘；叶柄具 2～3 对杯状腺体；托叶大。聚伞花序仅具 1 朵花，与叶柄对生；花梗三棱柱形，中部具关节；苞片叶状；花大，芳香；萼片 5 枚，外面绿色，内面玫瑰红色；花瓣 5 片，淡红色；外副花冠裂片 5 轮，丝状，白色或紫色，内副花冠膜质。浆果卵球形，肉质，熟时红黄色。

花 果 期：花期 2～8 月。

分　　布：南宁有栽培。

用　　途：观赏、食用。

细柱西番莲 *Passiflora suberosa* L.

科　　属：西番莲科西番莲属。

识别特征：攀缘草质藤本。茎细弱，四棱柱形，有纵条纹及白色糙伏毛；具卷须。单叶互生；叶片3浅裂，基部心形，边缘具少数小尖齿，裂片卵形，先端钝圆并具小尖头；叶柄有2个头状腺体。聚伞花序仅具1朵花，单生或成对生于叶腋；萼片5枚，苍绿色或白色；无花瓣；外副花冠裂片1轮，丝状，内副花冠褶状。浆果近球形，熟时紫黑色。

花 果 期：花期6～7月，果期10月。

分　　布：南宁有栽培。

用　　途：观赏。

细柱西番莲 *Passiflora suberosa* L.

绞股蓝 *Gynostemma pentaphyllum* (Thunb.) Makino

科　　属：葫芦科绞股蓝属。

别　　名：毛果绞股蓝。

识别特征：攀缘草质藤本。茎细弱，具纵棱及沟槽；卷须纤细，二歧。鸟足状复叶互生，具3～9片小叶；小叶卵状长圆形或披针形，边缘具波状齿或圆齿。花雌雄异株；雄花排成圆锥花序，被柔毛，花冠淡绿色或白色，5深裂；雌花排成圆锥花序，较小。浆果球形，熟时黑色。

花 果 期：花期3～11月，果期4～12月。

分　　布：广西各地。

用　　途：药用。

木鳖子 *Momordica cochinchinensis* (Lour.) Spreng.

科　　属：葫芦科苦瓜属。

别　　名：木鳖。

识别特征：大型攀缘草质藤本。卷须不分歧。单叶互生；叶片卵状心形或宽卵状圆形，3～5 中裂至深裂或不裂；叶柄有 2～4 个腺体。花雌雄异株；雄花单生于叶腋或着生于极短总状花序轴上，花梗顶端生兜状苞片，花冠黄色；雌花单生，花梗近中部生 1 枚苞片。浆果卵球形，顶部有短喙，熟时红色，肉质，表面密生刺尖突起。种子卵形或方块状，干后黑褐色。

花 果 期：花期 6～8 月，果期 8～10 月。

分　　布：桂南地区、桂中地区、桂北地区、桂东地区。

用　　途：观赏、食用、药用。

凹萼木鳖 *Momordica subangulata* Blume

科　　属：葫芦科苦瓜属。

识别特征：纤细攀缘草本。茎枝纤细，具纵沟纹；卷须丝状，不分歧。单叶互生；叶片卵状心形或宽卵状心形，边缘具小齿或有角，常不分裂，先端急尖或渐尖，基部心形；具掌状脉。花雌雄异株；雄花单生于叶腋，花梗被短柔毛，顶部生 1 枚圆肾形苞片，花冠黄色；雌花单生于叶腋，花梗纤细，常在基部有 1 枚小苞片。浆果卵球形或卵状长圆柱形，基部和顶部渐狭，表面密被柔软的长刺。

花 果 期：花期 6 ～ 8 月，果期 8 ～ 10 月。

分　　布：桂西地区、桂南地区。

用　　途：观赏。

爪哇帽儿瓜 *Mukia javanica* (Miq.) C. Jeffrey

科　　属：葫芦科帽儿瓜属。

别　　名：山冬瓜。

识别特征：一年生攀缘草本。全株被糙硬毛。卷须纤细，不分歧。单叶互生；叶片常 3～5 裂，两面粗糙；叶柄有棱沟。花雌雄同株；雄花 2 朵至数朵簇生于叶腋，花萼筒杯状，花萼裂片直立，钻形，花冠黄色；雌花簇生于具雄花的叶腋，花萼筒杯状，花萼裂片三角形，花冠裂片卵状长圆形。浆果长圆柱形，熟时深红色。

花 果 期：花期 4～7 月，果期 7～10 月。

分　　布：桂西地区、桂东地区、桂南地区。

用　　途：观赏、药用。

罗汉果 *Siraitia grosvenorii* (Swingle) C. Jeffrey ex A. M. Lu et Z. Y. Zhang

科　　属：葫芦科罗汉果属。

识别特征：攀缘草本。茎枝和叶柄均被黄褐色柔毛和黑色疣状腺鳞；卷须二歧。单叶互生；叶片卵状心形、三角状卵形或宽卵状心形，先端渐尖或长渐尖，基部心形，边缘微波状。花雌雄异株；雄花序总状，生于花序轴上部，萼筒宽钟状，花萼裂片三角形，花冠黄色；雌花单生或集生于花序梗顶端。浆果球形或长圆柱形，果皮较薄，干后易脆。

花 果 期：花期5～7月，果期7～9月。

分　　布：桂北地区、桂中地区、桂东地区。

用　　途：观赏、药用。

茅瓜 *Solena amplexicaulis* (Lam.) Gandhi

科　　属：葫芦科茅瓜属。

别　　名：猪龙瓜。

识别特征：攀缘草本。块根纺锤状。茎枝柔弱，无毛，具沟纹；卷须纤细，不分歧。单叶互生；叶片卵形、长圆形、卵状三角形或戟形等，基部心形，边缘全缘或具疏齿，不分裂或3～5浅裂至深裂，裂片长圆状披针形、披针形或三角形，先端钝或渐尖。花雌雄异株；雄花在花序梗顶部排成伞房花序；雌花单生于叶腋。浆果熟时红褐色，长圆柱状或近球形。

花 果 期：花期5～8月，果期8～11月。

分　　布：桂南地区、桂中地区、桂东地区、桂西地区。

用　　途：药用。

茅瓜 *Solena amplexicaulis* (Lam.) Gandhi

糙点栝楼 *Trichosanthes dunniana* H. Lév.

科　　属: 葫芦科栝楼属。

别　　名: 小栝楼、红花栝楼、水苞栝楼。

识别特征: 攀缘草质藤本。茎枝表面、叶两面沿脉、叶柄及卷须均被白色糙点；卷须二歧或三歧。单叶互生；叶片近圆形，掌状5～7深裂，裂片倒卵状长圆形，基部心形；基出脉5～7条。花雌雄异株；雄花序总状，腋生，花序梗及苞片均密被茸毛，苞片宽卵形，边缘具多数锐裂齿，外面具深色大斑点，花冠淡红色，花冠裂片边缘具流苏；雌花未见。浆果长圆柱形，熟时红色。

花 果 期: 花期7～9月，果期10～11月。

分　　布: 桂西地区、桂中地区、桂南地区。

用　　途: 食用、观赏。

长萼栝楼 *Trichosanthes laceribractea* Hayata

科　　属：葫芦科栝楼属。

别　　名：裂苞栝楼、圆子栝楼。

识别特征：攀缘草本。卷须二歧或三歧。单叶互生；叶片形状变化较大，轮廓近圆形或宽卵形，常掌状 3 ～ 7 裂，裂片三角形、卵形或菱状倒卵形，先端渐尖，基部收缩，边缘具波状齿或再浅裂；基出脉 5 ～ 7 条。花雌雄异株；雄花排成总状花序，腋生，小苞片边缘细长裂，雄花萼筒窄线形，先端扩大，花萼裂片边缘具锐尖齿，花冠白色，花冠裂片边缘具纤细长流苏；雌花单生。浆果球形或卵球形，熟时橙黄色至橙红色。

花 果 期：花期 7 ～ 8 月，果期 9 ～ 10 月。

分　　布：桂北地区。

用　　途：观赏、药用。

马干铃栝楼 *Trichosanthes lepiniana* (Naud.) Cogn.

科　　属：葫芦科栝楼属。

识别特征：攀缘草质藤本。茎粗壮，多分枝，具纵棱；卷须二歧。单叶互生；叶片近圆形，掌状 3～5 浅裂至中裂，裂片叉开；中裂片宽卵形、三角形或卵状长圆形，先端急尖或短渐尖，边缘具钻状细齿；侧裂片基部深心形；基出脉 3～5 条。花雌雄异株；雄花排成总状花序，花序梗粗壮并具纵棱槽，花冠白色，花冠裂片边缘具条状流苏；雌花单生，花梗基部具卵形苞片，花冠与雄花花冠相同。浆果卵球形，表面无毛，熟时红色。

花 果 期：花期 5～7 月，果期 8～11 月。

分　　布：桂西地区。

用　　途：药用。

五角栝楼 *Trichosanthes quinquangulata* A. Gray

科　　属：葫芦科栝楼属。

别　　名：三尖栝楼。

识别特征：攀缘草本。茎具纵棱；卷须四歧或五歧。单叶互生；叶片五角形或宽卵形，掌状 5 浅裂至中裂，裂片宽三角形或卵状三角形，先端尾状渐尖，边缘疏生齿，基部心形；基出脉 5 条。花雌雄异株；雄花排成总状花序，苞片卵形，萼筒窄漏斗形，花萼裂片线状披针形，具 2 ～ 3 枚羽状裂片，花冠白色，花冠裂片倒卵状三角形，先端凹入并骤缩成短尖头，边缘具长流苏；雌花未见。浆果球形，熟时红色。

花 果 期：花期 7 ～ 10 月，果期 10 ～ 12 月。

分　　布：桂南地区、桂中地区。

用　　途：药用。

截叶栝楼 *Trichosanthes truncata* C. B. Clarke

科　　属：葫芦科栝楼属。

别　　名：广西大瓜蒌子。

识别特征：攀缘草质藤本。块根肥大，纺锤形或长条形。茎有淡黄褐色皮孔；卷须二歧或三歧，具纵条纹。单叶互生；叶片卵形、狭卵形或宽卵形，不分裂或3浅裂至深裂，先端渐尖，基部截形，边缘具波状齿或疏离的短尖头状细齿，基出脉3～5条。花雌雄异株；雄花排成总状花序，花序梗具纵条纹，苞片近圆形或长圆形，先端渐尖或圆形，具突尖，边缘全缘或具波状圆齿，花冠白色，花冠裂片先端具流苏；雌花单生，花冠与雄花相同。浆果椭球形，表面光滑，熟时橙黄色。

花 果 期：花期4～5月，果期7～8月。

分　　布：桂西地区、桂南地区。

用　　途：药用。

马㼎儿 *Zehneria indica* (Lour.) Keraudren

科　　属：葫芦科马㼎儿属。

别　　名：老鼠拉冬瓜。

识别特征：攀缘或平卧草本。茎枝纤细，有纵棱沟。单叶互生；叶片三角状卵形、卵状心形或戟形，不分裂或 3～5 浅裂；若分裂则中央裂片较长，三角形或披针状长圆形，侧裂片较小，三角形或披针状三角形，先端急尖，基部弯缺半圆形，边缘微波状或具疏齿；掌状脉。花雌雄同株；雄花单生或排成短总状花序，花冠淡黄色；雌花与雄花于同一叶腋内单生。浆果长圆柱形或狭卵形，熟时橘红色或红色。

花 果 期：花期 4～7 月，果期 7～10 月。

分　　布：广西各地。

用　　途：药用。

木麒麟 *Pereskia aculeata* Mill.

科　　属：仙人掌科木麒麟属。

识别特征：攀缘灌木。茎圆柱状，分枝多数；小窠生于叶腋，垫状，具茸毛和刺；刺针状至钻形，在攀缘枝上常成对着生并下弯成钩状。单叶互生；叶片卵形、宽椭圆形至椭圆状披针形。花于分枝上部排成总状花序或圆锥花序，芳香；花托外面散生叶质鳞片及腋生小窠，小窠具茸毛和细刺；萼状花被片淡绿色或边缘近白色，瓣状花被片白色，或略带黄色或粉红色。浆果熟时淡黄色，倒卵球形或球形，外面具刺。

花 果 期：花期10月，果期11月至翌年3月。

分　　布：南宁有栽培。

用　　途：观赏、食用。

中华猕猴桃 *Actinidia chinensis* Planch.

科　　属：猕猴桃科猕猴桃属。

识别特征：落叶木质藤本。幼枝、芽鳞、叶背、叶柄均被毛；髓心片层状。单叶互生；营养枝上的叶片宽卵圆形或椭圆形，先端短渐尖或骤尖；花枝上的叶片近圆形，先端钝圆、微凹或平截，基部楔状稍圆形、平截至浅心形，边缘具睫状细齿。聚伞花序；花初白色，后变橙黄色。浆果熟时黄褐色，近球形，表面被灰白色茸毛及淡褐色斑点，毛易脱落；宿存萼片反折。

花 果 期：花期 4～5 月，果期 9 月。

分　　布：桂北地区。

用　　途：观赏、食用、药用。

毛花猕猴桃 *Actinidia eriantha* Benth.

科　　属：猕猴桃科猕猴桃属。

别　　名：毛冬瓜。

识别特征：大型落叶木质藤本。小枝、叶背、叶柄、花序和萼片均密被乳白色或淡污黄色直展的茸毛或交织压紧的绵毛；枝髓白色，片层状。单叶互生；叶片卵形至阔卵形，先端短尖至短渐尖，基部圆形、截形或浅心形，边缘具硬尖小齿；横脉发达。聚伞花序；萼片淡绿色；花瓣先端和边缘橙黄色，中央和基部桃红色。浆果柱状卵球形，表面密被不脱落的乳白色茸毛；宿存萼片反折。

花 果 期：花期 5～6 月，果期 11 月。

分　　布：桂北地区、桂东地区、桂西地区。

用　　途：观赏、食用、药用。

条叶猕猴桃 *Actinidia fortunatii* Finet et Gagnep.

科　　属：猕猴桃科猕猴桃属。

别　　名：纤小猕猴桃、粗叶猕猴桃。

识别特征：小型半常绿木质藤本。着花小枝密被红褐色长茸毛。单叶互生；叶片长条形或条状披针形，先端渐尖，基部耳状2裂或钝圆，边缘疏生极不明显、具硬质尖头的小齿。聚伞花序腋生；花序梗极短，被红褐色茸毛；花粉红色，圆筒形。浆果熟时灰绿色，圆筒形或圆筒状卵球形。

花 果 期：花期4～6月，果期11月。

分　　布：桂南地区、桂北地区、桂西地区。

用　　途：观赏、食用、药用。

阔叶猕猴桃 *Actinidia latifolia* (Gardn. et Champ.) Merr.

科　　属：猕猴桃科猕猴桃属。

别　　名：桂林猕猴桃。

识别特征：大型落叶木质藤本。着花小枝绿色至蓝绿色；髓白色。单叶互生；叶片阔卵形、近圆形或长卵形，先端短尖至渐尖，基部浑圆、浅心形、平截或阔楔形，等侧或稍不等侧，边缘疏生突尖状硬头小齿，背面密被星状茸毛。聚伞花序大型；萼片淡绿色，瓢状卵形；花瓣上半部及边缘白色，下半部的中央橙黄色，长圆形或倒卵状长圆形。浆果熟时暗绿色，圆柱形或卵状圆柱形，表面具斑点。

花果期：花期5月上旬至6月中旬，果期11月。

分　　布：广西各地。

用　　途：观赏、食用、药用。

美丽猕猴桃 *Actinidia melliana* Hand.-Mazz.

科　　属：猕猴桃科猕猴桃属。

识别特征：半常绿木质藤本。小枝、叶柄均密被锈色长硬毛。茎枝皮孔明显；髓白色，片层状。单叶互生；叶片长方状椭圆形、长方状披针形或长方状倒卵形，先端短尖或渐尖，基部浅心形或耳状浅心形，腹面被长硬毛，背面密被糙伏毛及霜粉，边缘具细尖硬齿。二歧聚伞花序被锈色长硬毛；花白色。浆果圆柱形，表面无毛，被疣点；宿存萼片反折。

花 果 期：花期5～6月。

分　　布：桂北地区、桂东地区、桂中地区。

用　　途：观赏、食用、药用。

红茎猕猴桃 *Actinidia rubricaulis* Dunn

科　　属：猕猴桃科猕猴桃属。

识别特征：半常绿木质藤本。除子房外，全株无毛。着花小枝较坚硬，红褐色，皮孔较明显；髓灰白色，实心。单叶互生；叶片椭圆状披针形或倒披针形，先端渐尖至急尖，基部钝圆或宽楔状钝圆，边缘具较稀疏的硬尖头小齿；叶柄水红色。花单生；萼片 4～5 枚，卵圆形至矩卵形；花瓣 5 片，瓢状倒卵形，白色。浆果熟时暗绿色，卵球形至柱状卵球形，表面初时被茸毛，具斑点，具宿存萼片。

花 果 期：花期 4～5 月，果期 9～12 月。

分　　布：桂南地区、桂西地区。

用　　途：观赏、食用。

石风车子 *Combretum wallichii* DC.

科　　属：使君子科风车子属。

别　　名：凌云风车子、紫风车子。

识别特征：木质藤本。幼枝扁，有纵沟槽，密被鳞片和微柔毛，后毛和鳞片渐脱落。单叶对生或互生；叶片椭圆形或长圆状椭圆形，先端短尖或渐尖，基部渐窄，两面无毛。叶柄、花序轴被褐色鳞片及微柔毛。穗状花序腋生或顶生，于枝顶再排成圆锥花序；花4基数。翅果或假核果近球形或扁椭球形，具4翅；翅红色，被白色或金黄色鳞片。

花果期：花期5～8月，果期9～11月。

分　　布：桂北地区、桂西地区、桂南地区。

用　　途：药用。

使君子 *Quisqualis indica* L.

科　　属：使君子科使君子属。

别　　名：四君子、留求子、毛使君子。

识别特征：攀缘灌木。小枝被棕黄色柔毛。单叶对生或近对生；叶片卵形或椭圆形，先端短渐尖，基部钝圆；叶柄初时密被锈色柔毛。穗状花序再排成伞房花序，顶生；萼筒外面被黄色柔毛，顶部具广展、外弯的萼齿；花瓣初白色，后淡红色。核果卵球形，具 5 条锐棱，熟时外果皮脆薄，青黑色或栗色。

花 果 期：花期初夏，果期秋末。

分　　布：广西各地。

用　　途：观赏、药用。

品　　　种：重瓣使君子（*Quisqualis indica* 'Double Flowered'）花瓣为 2 轮。

刺果藤 *Byttneria grandifolia* DC.

科　　属：梧桐科刺果藤属。

别　　名：大滑藤。

识别特征：大型木质藤本。单叶互生；叶片广卵形、心形或近圆形，先端钝或急尖，基部心形，背面被白色星状短柔毛；基出脉5条。花小；萼片卵形，被短柔毛，淡黄白色；花瓣与萼片互生，先端2裂并有长带状附属体，紫红色，约与萼片等长。蒴果球形或卵球形，表面具短而粗的刺，被短柔毛。

花 果 期：花期春夏季。

分　　布：桂南地区、桂东地区、桂西地区。

用　　途：药用。

三星果 *Tristellateia australasiae* A. Rich.

科　　属：金虎尾科三星果属。

别　　名：三星果藤。

识别特征：木质藤本。单叶对生；叶片卵形，先端急尖或渐尖，基部圆形或心形，与叶柄交界处有 2 个腺体，边缘全缘，两面无毛；托叶线形或披针形。总状花序顶生或腋生；花梗中下部具关节；萼片三角形；花瓣椭圆形，鲜黄色。翅果星芒状。

花 果 期：花期 8 月，果期 10 月。

分　　布：南宁有栽培。

用　　途：观赏。

土蜜藤 *Bridelia stipularis* (L.) Blume

科　　属：大戟科土蜜树属。

别　　名：托叶土密树、狗舌果。

识别特征：木质藤木。小枝蜿蜒；除小枝下部、花瓣、子房及果实无毛外，其余均被黄褐色柔毛。单叶互生；叶片椭圆形、宽椭圆形、倒卵形或近圆形，先端急尖或钝，基部钝至近圆形，边缘全缘；托叶卵状三角形。花雌雄同株，常 2～3 朵腋生或多朵排成穗状花序。核果卵形。

花 果 期：花果期几乎全年。

分　　布：桂西地区、桂南地区。

用　　途：药用。

灰岩粗毛藤 *Cnesmone tonkinensis* (Gagnep.) Croizat

科　　属：大戟科粗毛藤属。

识别特征：攀缘灌木。茎、叶及花序均被长粗毛。单叶互生；叶片长卵形或长圆状卵形，先端渐尖，基部心形，边缘具不规则的齿；基出脉 3 条。总状花序；雌花常生于花序下部。蒴果球形，表面被白色粗毛。

花 果 期：花期 4 ～ 6 月，果期 8 ～ 10 月。

分　　布：桂南地区。

用　　途：药用。

石岩枫 *Mallotus repandus* (Willd.) Müll. Arg.

科　　属：大戟科野桐属。

别　　名：杠香藤、假新妇木。

识别特征：攀缘灌木。幼枝、幼叶、叶柄、花序和花梗均密被黄色星状柔毛。单叶互生；叶片卵形或椭圆状卵形，先端急尖或渐尖，基部楔形或圆形，边缘全缘或波状；基出脉 3 条。花雌雄异株；总状花序或花序下部稍分枝，雌雄花序均顶生。蒴果具 2 ～ 3 个果瓣，表面密被黄色粉状毛及腺体。

花 果 期：花期 3 ～ 5 月，果期 8 ～ 9 月。

分　　布：桂中地区、桂北地区、桂西地区、桂南地区。

用　　途：观赏、药用。

石岩枫 *Mallotus repandus* (Willd.) Müll. Arg.

南美油藤 *Plukenetia volubilis* L.

科　　属：大戟科星油藤属。

别　　名：星油藤。

识别特征：木质藤本。单叶互生；叶片卵形或阔心形，先端渐尖或短尾尖，基部平截或浅心形，边缘具齿；基出脉3条。总状花序腋生或与叶对生；花单性；雄花多数，生于花序上部，花小，黄白色；雌花生于花序下部，花被不明显。蒴果星状，具4～6个果瓣。

花　果　期：花果期几乎全年。

分　　布：南宁有栽培。

用　　途：观赏、食用、药用、工业用。

南美油藤 *Plukenetia volubilis* L.

冠盖藤 *Pileostegia viburnoides* Hook. f. et Thomson

科　　属：绣球花科冠盖藤属。

识别特征：常绿攀缘灌木。小枝圆柱形，无毛。单叶对生；叶片椭圆状倒披针形或长椭圆形，先端渐尖或急尖，基部楔形或阔楔形，边缘全缘或稍波状。伞房状圆锥花序顶生；苞片和小苞片均线状披针形；萼筒圆锥状，花萼裂片三角形；花瓣卵形，白色。蒴果圆锥状，具5～10条肋纹或纵棱，具宿存花柱和柱头。

花果期：花期7～8月，果期9～12月。

分　　布：广西各地。

用　　途：观赏、药用。

小果蔷薇 *Rosa cymosa* **Tratt.**

科　　属：蔷薇科蔷薇属。

别　　名：白刺花。

识别特征：攀缘灌木。小枝有钩状皮刺。羽状复叶互生，具3～5片小叶；小叶卵状披针形或椭圆形，先端渐尖，基部近圆形，边缘具紧贴或尖锐细齿；小叶柄和叶轴均有稀疏皮刺和腺毛。花多朵排成复伞房花序；萼片卵形，常羽状分裂；花瓣白色，倒卵形，先端凹。聚合果球形，熟时红色至黑褐色。

花 果 期：花期5～6月，果期7～11月。

分　　布：广西各地。

用　　途：观赏、药用。

小果蔷薇 *Rosa cymosa* **Tratt.**

金樱子 *Rosa laevigata* Michx.

科　　属：蔷薇科蔷薇属。

别　　名：刺糖果。

识别特征：常绿攀缘灌木。小枝散生扁平弯皮刺。三出复叶互生；小叶椭圆状卵形、倒卵形或披针状卵形，先端急尖或钝圆，边缘具锐齿；小叶柄和叶轴均有皮刺和腺毛；托叶披针形，边缘具细齿。花单生于叶腋；花梗和萼筒外面均密被腺毛；花瓣白色。聚合果梨形或倒卵球形，熟时紫褐色，表面密被刺毛；萼裂片宿存。

花　果　期：花期4～6月，果期7～11月。

分　　布：广西各地。

用　　途：观赏、药用、工业用。

七姊妹 *Rosa multiflora* Thunb. var. *carnea* Thory

科　　属：蔷薇科蔷薇属。

识别特征：攀缘灌木。小枝圆柱形，有皮刺。一回羽状复叶互生，具5～9片小叶，近花序的复叶偶有3片小叶；小叶倒卵形、长圆形或卵形，先端急尖或钝圆，基部近圆形或楔形，边缘具尖锐单齿；小叶柄和叶轴均散生腺毛；托叶篦齿状，大部分贴生于叶柄。花多朵排成圆锥花序；花冠重瓣，粉红色。聚合果近球形，熟时红褐色或紫褐色。

花 果 期：花期2～4月。

分　　布：桂西地区。

用　　途：观赏。

悬钩子蔷薇 *Rosa rubus* H. Lév. et Vaniot

科　　属：蔷薇科蔷薇属。

识别特征：匍匐灌木。小枝圆柱形，通常被柔毛；皮刺短粗、弯曲。一回羽状复叶互生，通常具5片小叶；小叶卵状椭圆形、倒卵形或圆形，先端尾尖、急尖或渐尖，基部近圆形或宽楔形，边缘具尖锐齿；小叶柄和叶轴均有柔毛并散生小沟状皮刺；托叶大部分贴生于叶柄。花排成圆锥状伞房花序；花序梗、花梗、萼筒外面均被柔毛和腺毛；花瓣白色，倒卵形。聚合果近球形，熟时猩红色至紫褐色。

花 果 期：花期4～6月，果期7～9月。

分　　布：桂北地区、桂西地区、桂中地区。

用　　途：观赏、工业用。

粗叶悬钩子 *Rubus alceifolius* Poir.

科　　属：蔷薇科悬钩子属。

别　　名：牛毛泡、九月泡、大叶泡。

识别特征：攀缘灌木。枝、叶背、叶柄均被黄灰色至锈色茸毛状长柔毛且有稀疏皮刺。单叶互生；叶片近圆形或宽卵形，不规则 3 ～ 7 浅裂，先端钝圆，基部心形，边缘具不整齐粗齿；基出脉 5 条；托叶大，羽状深裂或不规则撕裂。顶生狭圆锥花序或近总状，腋生头状花序；花序梗、花梗和花萼均被浅黄色至锈色茸毛状长柔毛；花瓣白色。聚合果近球形，肉质，熟时红色。

花 果 期：花期 7 ～ 9 月，果期 10 ～ 11 月。

分　　布：广西各地。

用　　途：食用、药用。

粗叶悬钩子 *Rubus alceifolius* Poir.

蛇泡筋 *Rubus cochinchinensis* Tratt.

科　　属：蔷薇科悬钩子属。

别　　名：越南悬钩子、红簕钩。

识别特征：攀缘灌木。枝、叶柄、花序和叶背中脉上均疏生弯曲小皮刺。掌状复叶互生，常具 5 片小叶，茎上部的复叶有时具 3 片小叶；小叶椭圆形、倒卵状椭圆形或椭圆状披针形，背面密被褐黄色茸毛，边缘具不整齐锐齿；托叶扇形，掌状分裂。顶生圆锥花序或腋生近总状花序，也常数朵花簇生于叶腋；花序梗、花梗和花萼均密被黄色茸毛；花瓣白色。聚合果球形，初时红色，熟时黑色。

花　果　期：花期 3 ～ 5 月，果期 7 ～ 8 月。

分　　布：桂南地区。

用　　途：食用、药用。

蛇泡筋 *Rubus cochinchinensis* Tratt.

湖南悬钩子 *Rubus hunanensis* Hand. -Mazz.

科　　属：蔷薇科悬钩子属。

识别特征：攀缘小灌木。小枝密被柔毛，疏生钩状小皮刺。单叶互生；叶片近圆形或宽卵形，5～7浅裂，基部深心形，边缘具不整齐锐齿；基出脉5条；叶柄密被短柔毛和稀疏钩状小皮刺；托叶离生。花数朵生于叶腋或排成顶生短总状花序；花序轴和花梗均密被灰色柔毛；花萼密被灰白色或黄灰色柔毛和茸毛；花瓣白色。聚合果半球形，熟时黄红色，包在宿存萼内。

花 果 期：花期7～8月，果期9～10月。

分　　布：桂东地区、桂北地区。

用　　途：食用、药用。

高粱泡 *Rubus lambertianus* Ser.

科　　属：蔷薇科悬钩子属。

别　　名：细烟筒子。

识别特征：半落叶攀缘藤状灌木。幼枝有微弯小皮刺。单叶互生；叶片宽卵形，3～5裂或呈波状，先端渐尖，基部心形；背面中脉常疏生小皮刺，边缘具细齿；叶柄疏生小皮刺；托叶线状深裂。圆锥花序顶生；花序轴、花梗和花萼均被柔毛；花瓣白色。聚合果近球形，熟时红色。

花　果　期：花期7～8月，果期9～11月。

分　　布：桂北地区、桂东地区。

用　　途：食用、药用、工业用。

毛叶高粱泡 *Rubus lambertianus* Ser. var. *paykouangensis* (H. Lév.) Hand.-Mazz.

科　　属：蔷薇科悬钩子属。

识别特征：半落叶攀缘藤状灌木。幼枝有微弯小皮刺。小枝、叶柄、花序和花萼均密被腺毛和柔毛，或混生刺毛。单叶互生；叶片宽卵形，3～5裂或呈波状，先端渐尖，基部心形，边缘具细齿，两面有柔毛；背面中脉常疏生小皮刺；叶柄疏生小皮刺；托叶线状深裂。圆锥花序顶生；花瓣白色。聚合果近球形，熟时黄色或橙黄色。

花 果 期：花期7～8月，果期9～11月。

分　　布：桂北地区。

用　　途：食用、药用、工业用。

锈毛莓 *Rubus reflexus* Ker Gawl.

科　　属：蔷薇科悬钩子属。

别　　名：红泡刺、山烟筒子。

识别特征：攀缘灌木。枝被锈色茸毛，疏生小皮刺。单叶互生；叶片心状长卵形，3～5浅裂，基部心形，边缘具不整齐粗齿或重齿，背面密被锈色茸毛；叶柄被茸毛并疏生小皮刺；托叶梳齿状或不规则掌状分裂。花簇生于叶腋或排成顶生总状花序；花序轴、花梗、花萼均密被锈色长柔毛；花瓣白色。聚合果近球形，熟时深红色。

花 果 期：花期6～7月，果期8～9月。

分　　布：桂北地区、桂东地区。

用　　途：食用、药用。

深裂悬钩子 *Rubus reflexus* Ker Gawl. var. *lanceolobus* F. P. Metcalf

科　　属: 蔷薇科悬钩子属。

别　　名: 拦路蛇。

识别特征: 攀缘灌木。枝被锈色茸毛,疏生小皮刺。单叶互生;叶片心状宽卵形或近圆形,掌状5～7深裂,裂片披针形或长圆状披针形,叶背密被锈色茸毛,边缘具不整齐粗齿或重齿,基部心形;叶柄被茸毛并疏生小皮刺;托叶梳齿状或不规则掌状分裂。花簇生于叶腋或排成顶生总状花序;花序轴、花梗、花萼均密被锈色长柔毛;花瓣白色。聚合果近球形,熟时深红色。

花　果　期: 花期6～7月,果期8～9月。

分　　布: 桂北地区、桂东地区、桂中地区、桂南地区。

用　　途: 食用、药用。

红腺悬钩子 *Rubus sumatranus* Miq.

科　　属：蔷薇科悬钩子属。

别　　名：马泡、虎泡。

识别特征：直立或攀缘灌木。小枝、叶轴、叶柄、花梗和花序均被紫红色腺毛、柔毛和皮刺。一回羽状复叶互生，具3～7片小叶；小叶卵状披针形或披针形，先端渐尖，基部圆形，边缘具不整齐尖锐齿；背面沿中脉有小皮刺；托叶有柔毛和腺毛。花3朵或更多朵排成伞房花序；花萼被腺毛和柔毛；花瓣白色，具爪。聚合果长圆柱形，熟时橘红色。

花 果 期：花期4～6月，果期7～8月。

分　　布：桂北地区、桂西地区。

用　　途：食用、药用。

红腺悬钩子 *Rubus sumatranus* Miq.

天香藤 *Albizia corniculata* (Lour.) Druce

科　　属：含羞草科合欢属。

识别特征：攀缘灌木。二回羽状复叶互生，具2～6对羽片；总叶柄近基部有1个压扁的腺体，下方常有1枚下弯的粗短刺；小叶长圆形或倒卵形，先端极钝或有时微缺，或具硬细尖，基部偏斜；中脉居中。头状花序再排成顶生或腋生的圆锥花序；花序梗柔弱；花冠白色。荚果扁平，带状，无毛。

花 果 期：花期4～7月，果期8～11月。

分　　布：桂北地区、桂中地区、桂南地区。

用　　途：药用。

榼藤子 *Entada phaseoloides* (L.) Merr.

科　　属：含羞草科榼藤属。

别　　名：眼镜豆、过江龙。

识别特征：常绿大型攀缘木质藤本。茎扭旋。二回羽状复叶互生，通常具 2 对羽片，顶生 1 对羽片变为卷须；每羽片具 2 ～ 4 对小叶；小叶长椭圆形或长倒卵形，先端钝，微凹，基部略偏斜。穗状花序单生或再排成圆锥花序；花细小，密集；花萼阔钟状，顶部具 5 枚齿；花瓣 5 片，白色，长圆形。荚果扁平，弯曲，木质。

花 果 期：花期 3 ～ 6 月，果期 8 ～ 11 月。

分　　布：桂中地区、桂南地区、桂东地区、桂西地区。

用　　途：观赏、药用、工业用。

火索藤 *Bauhinia aurea* H. Lév.

科　　属：苏木科羊蹄甲属。

别　　名：红茸毛羊蹄甲。

识别特征：木质藤本。枝密被褐色茸毛；嫩枝具纵棱。单叶互生；叶片近圆形，基部深心形或浅心形，背面被黄褐色茸毛，先端分裂达叶长的 1/3 ～ 1/2，裂片先端钝圆；基出脉 9 ～ 13 条；叶柄密被毛。伞房花序顶生或侧生，具 10 多朵花，密被褐色丝质茸毛；花瓣白色，具瓣柄；能育雄蕊 3 枚。荚果扁平，带状，表面密被褐色茸毛。

花 果 期：花期 4 ～ 5 月，果期 7 ～ 12 月。

分　　布：桂东地区、桂西地区。

用　　途：观赏、药用、生态修复。

鞍叶羊蹄甲 *Bauhinia brachycarpa* Wall. ex Benth.

科　　属：苏木科羊蹄甲属。

识别特征：直立或攀缘小灌木。小枝具棱。单叶互生；叶片近圆形，通常宽度大于长度，基部近截形、阔圆形或有时浅心形，先端2裂达叶片中部，裂片先端钝圆；基出脉7～11条；叶柄纤细，具沟槽。伞房状总状花序侧生；花萼佛焰状；花瓣白色；能育雄蕊通常10枚。荚果扁平，长圆形，先端具短喙，熟时开裂，开裂后果瓣扭曲。

花　果　期：花期5～7月，果期8～10月。

分　　布：桂东地区、桂西地区。

用　　途：观赏、药用。

龙须藤 *Bauhinia championii* (Benth.) Benth.

科　　属：苏木科羊蹄甲属。

别　　名：元江羊蹄甲、九龙藤、羊蹄藤。

识别特征：攀缘木质藤本。茎枝有卷须，嫩枝和花序均疏被紧贴的柔毛。单叶互生；叶片卵形或心形，基部截形、微凹或心形，先端锐渐尖、钝圆、微凹或2浅裂，裂片不等；基出脉5～7条。总状花序腋生或有时与叶对生，或数个聚生于枝顶再排成复总状花序；花萼与花梗均被灰褐色短柔毛；花瓣白色；能育雄蕊3枚。荚果扁平，倒卵状长圆形或带状。

花 果 期：花期6～10月，果期7～12月。

分　　布：广西各地。

用　　途：观赏、药用、生态修复。

首冠藤 *Bauhinia corymbosa* Roxb. ex DC.

科　　属：苏木科羊蹄甲属。

别　　名：长序首冠藤。

识别特征：攀缘木质藤本。嫩枝、花序、花梗和卷须的一面均被红棕色粗毛。卷须单生或成对。单叶互生；叶片近圆形，基部近截形或浅心形，先端深裂达叶长的 3/4，裂片先端圆；基出脉 7 条。伞房状总状花序生于侧枝顶，多花；花芳香；花瓣白色，有粉红色脉纹；能育雄蕊 3 枚。荚果扁平，带状长圆形，直或弯曲。

花 果 期：花期 4～6 月，果期 9～12 月。

分　　布：桂北地区、桂东地区、桂中地区。

用　　途：观赏、药用、生态修复。

锈荚藤 *Bauhinia erythropoda* Hayata

科　　属：苏木科羊蹄甲属。

识别特征：攀缘木质藤本。嫩枝、花序、花梗、花萼外面、果实表面均密被褐色或锈色茸毛，卷须初时被长柔毛。单叶互生；叶片心形或近圆形，基部深心形，先端深裂达叶片中部或中下部，裂片先端急尖或渐尖；基出脉9～11条，密被赤褐色或灰褐色茸毛。伞房状总状花序顶生；花芳香；花瓣白色；能育雄蕊3枚。荚果扁平，倒披针状带状。

花果期：花期3～4月，果期6～7月。

分　　布：桂南地区。

用　　途：观赏、生态修复。

橙花羊蹄甲 *Bauhinia galpinii* N. E. Br.

科　　属：苏木科羊蹄甲属。

别　　名：嘉氏羊蹄甲、南非羊蹄甲。

识别特征：常绿攀缘灌木。枝条细软。单叶互生；叶片近圆形，基部平截至浅心形，先端2裂达叶长的 1/5 ～ 1/2，裂片先端钝圆。伞房状聚伞花序顶生或腋生于枝梢末端；花瓣橙红色至砖红色。荚果扁平，长圆形，熟时褐色，常宿存。

花 果 期：花期 4 ～ 11 月，果期 7 ～ 12 月。

分　　布：南宁有栽培。

用　　途：观赏。

粉叶羊蹄甲 *Bauhinia glauca* (Wall. ex Benth.) Benth.

科　　属：苏木科羊蹄甲属。

别　　名：薄叶羊蹄甲。

识别特征：攀缘木质藤本。除花序微被锈色短柔毛外其余无毛。卷须稍扁，旋卷。单叶互生；叶片近圆形，基部宽心形或平截，先端2裂达叶片中部或中下部，裂片先端钝圆；基出脉9～11条。伞房状总状花序顶生或与叶对生，具密集的花；花瓣白色；能育雄蕊3枚。荚果扁平，带状，薄。

花 果 期：花期4～6月，果期7～9月。

分　　布：桂北地区、桂西地区、桂中地区。

用　　途：观赏、生态修复。

鄂羊蹄甲 *Bauhinia glauca* (Wall. ex Benth.) Benth. subsp. *hupehana* (Graib) T. C. Chen

科　　属: 苏木科羊蹄甲属。

识别特征: 攀缘木质藤本。除花序微被锈色短柔毛外其余无毛。卷须稍扁，旋卷。单叶互生；叶片近圆形，基部宽心形或平截，先端 2 裂达叶长的 1/4 ～ 1/3，裂片阔圆形，先端钝圆；基出脉 9 ～ 11 条。伞房状总状花序顶生或与叶对生，具密集的花；花瓣玫红色；能育雄蕊 3 枚。荚果扁平，带状，薄。

花果期: 花期 4 ～ 5 月，果期 6 ～ 7 月。

分　　布: 桂北地区、桂西地区、桂中地区、桂南地区。

用　　途: 观赏、生态修复。

薄叶羊蹄甲 *Bauhinia glauca* (Wall. ex Benth.) Benth. subsp. *tenuiflora* (Watt ex C. B. Clarke) K. Larsen et S. S. Larsen

科　　属：苏木科羊蹄甲属。

识别特征：攀缘木质藤本。除花序微被锈色短柔毛外其余无毛。卷须稍扁，旋卷。单叶互生；叶片近圆形，基部宽心形或平截，先端 2 裂达叶长的 1/6 ～ 1/5，裂片先端钝圆；基出脉 9 ～ 11 条。伞房状总状花序顶生或与叶对生，具密集的花；花瓣白色；能育雄蕊 3 枚。荚果扁平，带状，薄。

花 果 期：花期 6 ～ 7 月，果期 9 ～ 12 月。

分　　布：桂南地区。

用　　途：观赏、生态修复。

薄叶羊蹄甲 *Bauhinia glauca* (Wall. ex Benth.) **Benth. subsp.** *tenuiflora* **(Watt ex C. B. Clarke) K. Larsen et S. S. Larsen**

绸缎藤 *Bauhinia hypochrysa* T. C. Chen

科　　属：苏木科羊蹄甲属。

别　　名：绸缎木。

识别特征：攀缘木质藤本。除成长的叶腹面和花瓣内面无毛外，全株密被金黄色或亮棕色丝质长柔毛及茸毛。卷须成对。单叶互生；叶片圆形，基部深心形，先端分裂达叶长的 1/2 或过之；基出脉 15～17 条。总状花序整体略呈金字塔形，密被锈色茸毛；花瓣黄色，形状大小略不等；能育雄蕊 3 枚，退化雄蕊 6 枚。荚果扁平，长圆形至带状长圆形，果瓣外面密被银白色短茸毛，开裂后果瓣扭曲。

花 果 期：花期 5 月，果期 10 月。

分　　布：桂南地区。

用　　途：观赏、生态修复。

少脉羊蹄甲 *Bauhinia paucinervata* T. C. Chen

科　　属：苏木科羊蹄甲属。

识别特征：攀缘木质藤本。幼枝和叶柄初被灰褐色短茸毛；卷须少。单叶互生；叶片卵形至披针形，先端渐尖，基部圆形，边缘全缘，两面无毛；基出脉 3 ～ 5 条；叶柄纤细。伞房状总状花序常再排成圆锥花序，腋生和顶生，多花，被灰褐色短茸毛；花瓣白色，倒卵形；能育雄蕊 3 枚，退化雄蕊 7 枚。荚果扁平，长圆形至带状。

花 果 期：花期 6 ～ 8 月，果期 10 月。

分　　布：桂南地区。

用　　途：观赏、生态修复。

囊托羊蹄甲 *Bauhinia touranensis* Gagnep.

科　　属：苏木科羊蹄甲属。

别　　名：越南羊蹄甲、囊萼羊蹄甲。

识别特征：攀缘木质藤本。卷须纤细，略扁，一侧被丝质柔毛。单叶互生；叶片近圆形，基部心形，先端分裂达叶长的 1/6 ～ 1/5，裂片先端钝圆；基出脉 7 ～ 9 条。伞房状总状花序单生于侧枝顶，或顶生和侧生于小枝先端；花序梗、花梗和花蕾均被伏贴锈色柔毛；花托与花梗相接处常屈曲成 90°，一侧直，另一侧基部膨凸成浅囊状；花瓣白色带淡绿色；能育雄蕊 3 枚。荚果扁平，带状，果缝线略增厚。

花 果 期：花期 3 ～ 6 月，果期 8 ～ 10 月。

分　　布：桂北地区、桂南地区。

用　　途：观赏、生态修复。

圆叶羊蹄甲 *Bauhinia wallichii* J. F. Macbride

科　　属：苏木科羊蹄甲属。

识别特征：攀缘木质藤本。茎枝具卷须。单叶互生；叶片近圆形，基部心形，两面无毛，先端二裂达叶片长的1/5，裂片先端渐尖或钝；基出脉9～11条。总状花序或圆锥花序；花瓣近等长；能育雄蕊3枚，退化雄蕊7枚。荚果。

分　　布：南宁有栽培。

用　　途：观赏、生态修复。

云南羊蹄甲 *Bauhinia yunnanensis* Franch.

科　　属：苏木科羊蹄甲属。

识别特征：攀缘木质藤本。枝圆柱形，稍具纵棱；卷须成对。单叶互生；叶片阔椭圆形，全裂至基部，弯缺处有1个刚毛状尖头，基部深或浅心形，裂片斜卵形，两端钝圆；基出脉3～4条。总状花序顶生或与叶对生；花瓣淡紫色；能育雄蕊3枚，退化雄蕊7枚。荚果扁平，带状长圆形，先端具短喙，开裂后果瓣扭曲。

花果期：花期8月，果期10月。

分　　布：南宁有栽培。

用　　途：观赏。

云实 *Caesalpinia decapetala* (Roth) Alston

科　　属：苏木科云实属。

别　　名：鸡爪刺。

识别特征：攀缘木质藤本。枝、叶轴和花序均被柔毛和钩刺。二回羽状复叶互生；羽片基部有 1 对刺；小叶对生，长圆形，两端近钝圆；托叶小，早落。总状花序顶生，直立，多花；花梗被毛，在花萼下方具关节；花瓣黄色。荚果长圆状舌形，有光泽，沿腹缝线具窄翅，顶部具尖喙，熟时栗褐色，沿腹缝线开裂。

花 果 期：花果期 4 ～ 10 月。

分　　布：广西各地。

用　　途：观赏、药用。

喙荚云实 *Caesalpinia minax* Hance

科　　属：苏木科云实属。

识别特征：攀缘木质藤本。枝干、叶轴、羽轴及花序轴均具针刺；各部分均被短柔毛。二回羽状复叶互生；托叶锥状且硬；小叶对生，椭圆形或长圆形，先端钝圆或急尖，基部圆形，微偏斜。总状花序或圆锥花序顶生；花瓣白色，有紫色斑点。荚果长圆柱形，顶部钝圆，有喙，果瓣外面密生针状刺。

花 果 期：花期4～5月，果期6～7月。

分　　布：广西各地。

用　　途：观赏、药用。

鸡嘴簕 *Caesalpinia sinensis* (Hemsl.) J. E. Vidal

科　　属：苏木科云实属。

识别特征：攀缘木质藤本。主干和小枝均具分散而粗大的倒钩刺。二回羽状复叶互生；叶轴有刺；小叶对生，长圆形或卵形，先端渐尖、急尖或钝，基部圆形，多少不对称。圆锥花序腋生或顶生；花瓣黄色。荚果扁平，近圆形或半圆形，表面有明显网脉，熟时栗褐色，无刺，腹缝线稍弯曲，具窄翅，先端有喙。

花 果 期：花期4～5月，果期7～8月。

分　　布：桂南地区、桂西地区。

用　　途：观赏、药用。

老虎刺 *Pterolobium punctatum* Hemsl.

科　　属：苏木科老虎刺属。

别　　名：黄牛簕。

识别特征：攀缘木质藤本或攀缘藤状灌木。幼枝银白色，被短柔毛及浅黄色毛；小枝具纵棱，散生黑色、下弯的短钩刺。二回羽状复叶互生；叶柄基部有成对黑色托叶刺；小叶对生，窄长圆形，先端钝圆，具突尖或微凹，基部微偏斜，两面被黄色毛。总状花序腋生或在枝顶再排成圆锥花序；花密集。荚果发育部分菱形，具膜质翅；翅一边直，另一边弯曲。

花　果　期：花期6～8月，果期9月至翌年1月。

分　　布：桂北地区、桂西地区、桂南地区。

用　　途：观赏、药用。

广东相思子 *Abrus cantoniensis* Hance

科　　属：蝶形花科相思子属。

别　　名：鸡骨豆。

识别特征：攀缘灌木。枝细直，平滑，被白色柔毛。偶数羽状复叶互生，具小叶 6 ～ 11 对；小叶长圆形或倒卵状长圆形，先端截形或稍凹缺，具细尖。总状花序腋生；花小，聚生于花序总轴的短枝上；花冠紫红色或淡紫色。荚果扁平，长圆形，先端具喙，熟时浅褐色。

花 果 期：花期 8 月。

分　　布：桂南地区、桂东地区。

用　　途：观赏、药用。

广东相思子 *Abrus cantoniensis* Hance

猪腰豆 *Afgekia filipes* (Dunn) R. Geesink

科　　属：蝶形花科泰豆属。

别　　名：小血藤、细梗惠特木。

识别特征：攀缘灌木。嫩茎圆柱形，密被银灰色平伏绢毛或红色直立髯毛，折断时有红色汁液溢出。奇数羽状复叶互生，具小叶6～9对；小叶近对生，长圆形，先端钝、渐尖至尾尖，基部钝圆，边缘全缘；小叶柄被毛。总状花序生于老茎或当年生侧枝上，花先叶开放，数枝聚集成大型的复合花序，密被银灰色茸毛；花冠堇青色至淡红色。荚果扁平，纺锤状长圆形，表面密被银灰色茸毛，具明显斜向脊棱。

花 果 期：花期7～8月，果期9～11月。

分　　布：桂中地区、桂西地区、桂南地区。

用　　途：观赏、食用。

藤槐 *Bowringia callicarpa* Champ. ex Benth.

科　　属：蝶形花科藤槐属。

识别特征：攀缘灌木。单叶互生；叶片长圆形或卵状长圆形，先端渐尖或短渐尖，基部圆形，边缘全缘；叶柄两端稍膨大；托叶小，具脉纹。总状花序或再排成伞房花序，花疏生；花冠白色。荚果卵形或卵球形，顶部具喙，沿缝线开裂，表面具明显突起的网纹。

花 果 期：花期4～6月，果期7～9月。

分　　布：桂南地区、桂中地区、桂东地区、桂北地区。

用　　途：观赏、药用。

藤槐 *Bowringia callicarpa* Champ. ex Benth.

蔓草虫豆 *Cajanus scarabaeoides* (L.) Thouars

科　　属：蝶形花科木豆属。

识别特征：缠绕草质藤本。全株被红褐色或灰褐色短柔毛。茎纤弱，具细纵棱。三出复叶互生；顶生小叶椭圆形或倒卵状椭圆形，先端钝或圆形，基部近圆形；侧生小叶稍小，偏斜；基出脉3条。总状花序腋生；花冠黄色。荚果长圆柱形，于种子间有横缢线。

花 果 期：花期9～10月，果期11～12月。

分　　布：桂南地区、桂东地区、桂西地区。

用　　途：药用。

亮叶崖豆藤 *Callerya nitida* (Benth.) R. Geesink

科　　属：蝶形花科昆明鸡血藤属。

识别特征：攀缘灌木。幼枝被锈色短柔毛。奇数羽状复叶互生，具小叶 2 对；小叶卵状披针形或长圆形，先端急尖至渐尖，基部圆形或钝，边缘全缘。圆锥花序顶生，粗壮，花多而密集；生花枝伸展；花冠紫红色。荚果扁平，线状长圆形，表面密被黄褐色茸毛。

花 果 期：花期 6 ～ 7 月，果期 10 ～ 11 月。

分　　布：桂北地区、桂南地区、桂西地区。

用　　途：观赏、药用。

网脉崖豆藤 *Callerya reticulata* (Benth.) Schot

科　　属：蝶形花科昆明鸡血藤属。

识别特征：木质藤本。小枝具细纵棱。奇数羽状复叶互生，具小叶 3～4 对；小叶卵状长椭圆形或长圆形，先端钝、渐尖或微凹缺，基部圆形；托叶基部向下突起成 1 对短而硬的距。圆锥花序顶生或着生于枝梢叶腋，常下垂；花序轴被黄褐色柔毛；花密集，单生于花序轴上；花冠红紫色。荚果扁平，线形，狭长，熟时瓣裂。

花 果 期：花期 4～8 月，果期 6～11 月。

分　　布：广西各地。

用　　途：观赏、药用。

美丽崖豆藤 *Callerya speciosa* (Champ. ex Benth.) Schot

科　　属：蝶形花科昆明鸡血藤属。

别　　名：牛大力藤、山莲藕。

识别特征：木质藤本。奇数羽状复叶互生；叶轴被毛，腹面有沟；小叶通常 6 对；小叶长圆状披针形或椭圆状披针形，先端钝圆，具短尖，基部钝圆，边缘略反卷；小叶柄密被茸毛。圆锥花序腋生，常聚集于枝梢成带叶的大型复花序；花 1 ～ 2 朵并生或单生，密集于花序轴上部呈长尾状；花序轴、花梗与花萼均被黄褐色茸毛；花冠白色、米黄色至淡红色。荚果扁平，线状，顶部具喙，表面密被褐色茸毛。

花 果 期：花期 7 ～ 10 月，果期翌年 2 月。

分　　布：桂南地区、桂东地区、桂西地区。

用　　途：观赏、药用。

小刀豆 *Canavalia cathartica* Thouars

科　　属：蝶形花科刀豆属。

识别特征：缠绕草质藤本。茎枝粗壮。三出复叶互生；小叶卵形，先端急尖或圆形，基部宽楔形、平截或圆形；小叶柄被茸毛。花 1 ～ 3 朵聚生于花序轴的每一节上；花冠粉红色或近紫色。荚果长圆形，膨胀，顶部具喙尖。

花　果　期：花果期 3 ～ 10 月。

分　　布：广西各地。

用　　途：观赏。

海刀豆 *Canavalia maritima* (Aublume) Thouars

科　　属：蝶形花科刀豆属。

识别特征：缠绕草质藤本。茎枝粗壮。三出复叶互生；小叶倒卵形、卵形、椭圆形或近圆形，先端通常圆形、平截、微凹或具小突尖，基部楔形至近圆形，两面均被长柔毛；侧生小叶基部常偏斜。总状花序腋生；花1～3朵聚生于花序轴近顶部的每一节上；花冠紫红色。荚果线状长圆形，顶部具喙尖，背缝线两侧具纵棱。

花　果　期：花期6～7月。

分　　布：桂南地区。

用　　途：观赏。

134

蝶豆 *Clitoria ternatea* L.

科　　属：蝶形花科蝶豆属。

别　　名：蓝蝴蝶、蓝花豆、蝶花豆。

识别特征：攀缘草质藤本。茎枝细弱，被伏贴短柔毛。奇数羽状复叶互生，具小叶 5 ～ 7 片；总叶轴腹面具细沟纹；小叶宽椭圆形或近卵形，先端钝，微凹，常具小突尖，基部钝。花大，单朵腋生；花冠蓝色、粉红色或白色，旗瓣中间有 1 个白色或橙黄色斑。荚果扁平，线状长圆形，先端具长喙。

花　果　期：花果期 7 ～ 11 月。

分　　布：桂南地区、桂北地区有栽培。

用　　途：观赏、药用。

藤黄檀 *Dalbergia hancei* Benth.

科　　属：蝶形花科黄檀属。

别　　名：大香藤。

识别特征：攀缘木质藤本。幼枝疏生白色柔毛，有时小枝呈钩状或螺旋状。奇数羽状复叶互生，具小叶 3～6 对；小叶长圆形或倒卵状长圆形，先端钝或圆形，微缺，基部楔形或圆形。圆锥花序腋生；花序梗、花梗、花萼与小苞片均被褐色短茸毛；花冠绿白色。荚果扁平，长圆形或带状，通常仅有 1 粒种子。

花 果 期：花期 3～5 月，果期 6～11 月。

分　　布：广西各地。

用　　途：药用。

锈毛鱼藤 *Derris ferruginea* Benth.

科　　属：蝶形花科鱼藤属。

识别特征：攀缘灌木。小枝密被锈色柔毛。奇数羽状复叶互生，具小叶 5～9 片；小叶椭圆形或倒卵状椭圆形，先端渐尖或锐尖，基部圆形，背面疏被锈色微柔毛或无毛。圆锥花序腋生；花序轴密被锈色短柔毛；花簇生于短轴上；花冠淡红色或白色。荚果椭圆形至长椭圆形，初密被锈色绢毛，熟时几乎无毛，腹背缝线均具翅。

花 果 期：花期 4～7 月，果期 9～12 月。

分　　布：桂东地区、桂南地区。

用　　途：药用。

长柄野扁豆 *Dunbaria podocarpa* Kurz

科　　属：蝶形花科野扁豆属。

识别特征：缠绕草质藤本。枝叶、叶柄、小叶柄、花序梗、花梗均密被灰色短柔毛。三出复叶互生；顶生小叶菱形或宽卵状菱形，先端急尖，基部钝、圆形或近平截；侧生小叶斜卵形；基出脉 3 条。总状花序腋生，有 1 ～ 2 朵花；花冠黄色。荚果线状长圆形，密被灰色短柔毛，顶部具长喙；果梗长 1.5 ～ 1.7 cm。

花 果 期：花果期 6 ～ 11 月。

分　　布：桂南地区、桂东地区、桂西地区。

用　　途：药用。

乳豆 *Galactia tenuiflora* (Klein ex Willd.) Wight et Arn.

科　　属：蝶形花科乳豆属。

识别特征：多年生缠绕草质藤本。茎密被灰白色或灰黄色长柔毛。三出复叶互生；小叶椭圆形，两端钝圆，先端微凹，具小突尖，背面被灰白色或黄绿色长柔毛；小托叶针状。总状花序腋生，单生或孪生；花序轴纤细；花冠淡蓝色。荚果线形。

花　果　期：花果期8～9月。

分　　布：桂南地区、桂北地区、桂中地区。

用　　途：药用。

厚果崖豆藤 *Millettia pachycarpa* Benth.

科　　属：蝶形花科鸡血藤属。

别　　名：厚果鸡血藤、苦檀子。

识别特征：木质藤本。茎中空；嫩枝密被黄色茸毛，老枝散生褐色皮孔。奇数羽状复叶互生，具小叶 13～17 片；小叶对生，长椭圆形或长圆状披针形，先端锐尖，基部楔形或钝圆，背面被绢毛。总状花序生于新枝下部；花 2～5 朵着生于花序轴的节上；花冠淡紫色。荚果熟时深褐黄色，肿胀，长圆形，具单粒种子时卵球形，表面密布浅黄色疣点。

花 果 期：花期 4～6 月，果期 6～11 月。

分　　布：广西各地。

用　　途：观赏、药用。

白花油麻藤 *Mucuna birdwoodiana* Tutcher

科　　属：蝶形花科油麻藤属。

别　　名：大兰布麻。

识别特征：常绿木质藤本。老茎断面淡红褐色，断面先流出白色汁液，后汁液变血红色；幼茎具纵沟棱，皮孔突起。三出复叶互生；顶生小叶椭圆形、卵形或近倒卵形，先端尾状渐尖，基部圆形或近楔形；侧生小叶偏斜。总状花序生于老茎上或腋生；多花，成束生于花序轴的节上；花冠白色或绿白色。荚果带状，幼时被红褐色脱落性刚毛，熟后被红褐色茸毛，于种子间缢缩，背腹缝线均具木质翅。

花　果　期：花期4～6月，果期6～11月。

分　　布：广西各地。

用　　途：观赏、食用、药用。

褶皮黧豆 *Mucuna lamellata* Wilmot-Dear

科　　属：蝶形花科油麻藤属。

识别特征：攀缘木质藤本。茎具纵沟槽。三出复叶互生；顶生小叶菱状卵形，先端渐尖，具短尖头，基部圆形或略楔形；侧生小叶明显偏斜，基部截形。总状花序腋生；花序轴上通常每节有 3 朵花；花梗密被锈色柔毛和淡黄色短伏毛；花冠深紫色或红色。荚果不对称长圆柱形，幼时密被锈色刺毛，后被柔毛和锈色螫毛，表面具斜向褶襞，背腹缝线具等宽的翅。

花 果 期：花期 6～7 月。

分　　布：桂北地区。

用　　途：观赏。

大果油麻藤 *Mucuna macrocarpa* Wall.

科　　属：蝶形花科油麻藤属。

别　　名：血藤、黑血藤。

识别特征：木质藤本。茎具纵棱脊和褐色皮孔。三出复叶互生；顶生小叶椭圆形、卵状椭圆形、卵形或近倒卵形，先端急尖或圆形，具短尖头，基部圆形或近楔形；侧生小叶偏斜。总状花序生于老茎上；多花，花序轴每节生 2～3 朵花；花冠暗紫色，旗瓣带绿白色。荚果带状，表面密被褐色茸毛，具脊和皱纹，于种子间缢缩。

花 果 期：花期 4～5 月，果期 6～7 月。

分　　布：桂东地区、桂南地区、桂西地区。

用　　途：观赏、药用、生态修复。

常春油麻藤 *Mucuna sempervirens* Hemsl.

科　　属：蝶形花科油麻藤属。

识别特征：常绿木质藤本。幼茎有纵棱和皮孔。三出复叶互生；顶生小叶椭圆形、长圆形或卵状椭圆形，先端渐尖，基部近楔形；侧生小叶极偏斜；小叶柄膨大。总状花序生于老茎上，花序轴每节具 3 朵花；花冠深紫色，干后黑色。荚果带状，木质，边缘加厚成 1 条圆柱形的脊，被红褐色短伏毛和长刚毛，于种子间缢缩。

花 果 期：花期 4 ～ 5 月，果期 8 ～ 10 月。

分　　布：桂西地区。

用　　途：观赏、药用、生态修复。

山葛藤 *Pueraria montana* (Lour.) Merr.

科　　属：蝶形花科葛属。

别　　名：葛麻姆、越南葛藤。

识别特征：平卧或缠绕草质藤本。有粗厚的块状根。全株被黄色长硬毛；茎粗壮，基部木质。三出复叶互生；顶生小叶宽卵形，长大于宽，先端渐尖，基部近圆形，边缘通常全缘；侧生小叶略小且偏斜，两面均被长柔毛，背面的柔毛较密；小叶柄被黄褐色茸毛。总状花序；花冠紫色。荚果扁平，长椭圆形，表面被褐色长硬毛。

花 果 期：花期7～9月，果期7～12月。

分　　布：广西各地。

用　　途：观赏、生态修复。

葛 *Pueraria montana* (Lour.) Merr. var. *lobata* (Willd.) Maesen et S. M. Almeida ex Sanjappa et Predeep

科　　属：蝶形花科葛属。

识别特征：平卧或缠绕草质藤本。有粗厚的块状根。全株被黄色长硬毛；茎粗壮，基部木质。三出复叶互生；小叶 3 裂，顶生小叶宽卵形或斜卵形，先端长渐尖；侧生小叶斜卵形，腹面疏被淡黄色、平伏的柔毛，背面的柔毛较密；小叶柄被黄褐色茸毛。总状花序；花冠紫色。荚果扁平，长椭圆形，表面被褐色长硬毛。

花　果　期：花期 9 ～ 10 月，果期 11 ～ 12 月。

分　　布：广西各地。

用　　途：观赏、食用、药用、工业用、生态修复。

三裂叶野葛 *Pueraria phaseoloides* (Roxb.) Benth.

科　　属：蝶形花科葛属。

识别特征：平卧或缠绕草质藤本。茎纤细，被褐黄色、开展的长硬毛。三出复叶互生；小叶宽卵形、菱形或卵状菱形，基部偏斜，边缘全缘或3裂，腹面被紧贴的长硬毛，背面密被白色长硬毛。总状花序单生，花序轴中部以上着花；花聚生于花序轴节上；花冠浅蓝色或淡紫色。荚果近圆柱形，表面仅幼时被紧贴的长硬毛。

花 果 期：花期8～9月，果期10～11月。

分　　布：桂南地区、桂东地区。

用　　途：药用、生态修复。

鹿藿 *Rhynchosia volubilis* Lour.

科　　属：蝶形花科鹿藿属。

别　　名：老鼠眼。

识别特征：缠绕草质藤本。全株各部分多少被灰色至淡黄色柔毛。三出复叶互生；顶生小叶菱形或倒卵状菱形，先端钝或急尖，常有小突尖，基部圆形或阔楔形，两面均被灰色或淡黄色柔毛；侧生小叶较小，常偏斜；基出脉3条。总状花序腋生；花冠黄色。荚果极扁平，长圆形，红紫色，先端有小喙。

花果期：花期5～8月，果期9～12月。

分　　布：广西各地。

用　　途：观赏、药用、生态修复。

密花豆 *Spatholobus suberectus* Dunn

科　　属：蝶形花科密花豆属。

别　　名：鸡血藤、九层风、猪肉藤。

识别特征：攀缘藤本。三出复叶互生；顶生小叶两侧对称，宽椭圆形、宽倒卵形或近圆形，先端骤缩成短钝尖头，基部宽楔形或圆形；侧生小叶两侧不对称，与顶生小叶等大或稍窄；小托叶钻状。圆锥花序腋生或生于小枝顶端；花序轴、花梗均被黄褐色短柔毛；花冠白色。荚果镰状，表面密被棕色短茸毛。

花　果　期：花期 6 月，果期 11 ～ 12 月。

分　　布：桂南地区、桂东地区、桂西地区。

用　　途：观赏、药用、生态修复。

贼小豆 *Vigna minima* (Roxb.) Ohwi et H. Ohashi

科　　　属：蝶形花科豇豆属。

别　　　名：狭叶菜豆。

识别特征：缠绕草本。茎纤细。三出复叶互生；小叶形状和大小变化颇大，卵形、圆形、卵状披针形、披针形或线形，先端急尖或钝，基部圆形或宽楔形；托叶盾状着生，披针形。总状花序；花序梗柔弱，远长于叶柄，常具 3～4 朵花；花冠黄色。荚果圆柱形，表面无毛，开裂后果瓣旋卷。

花 果 期：花果期 8～10 月。

分　　　布：桂北地区、桂东地区。

用　　　途：药用。

紫藤 *Wisteria sinensis* (Sims) Sweet

科　　属：蝶形花科紫藤属。

识别特征：落叶木质藤本。茎粗壮，左旋；嫩枝被白色绢毛。奇数羽状复叶互生，具小叶3～6对；小叶卵状椭圆形或卵状披针形，顶生小叶较大，基部1对小叶最小，先端渐尖或尾尖，基部钝圆、楔形或歪斜；小托叶刺毛状。总状花序生于上年生短枝的叶腋或枝顶，先叶后花；花冠紫色。荚果倒披针形，表面密被灰色茸毛，悬垂于枝上不脱落。

花果期：花期4～5月，果期5～8月。

分　　布：广西各地有栽培。

用　　途：观赏、食用、药用、生态修复。

藤构 *Broussonetia kaempferi* Sieb. var. *australis* T. Suzuki

科　　属：桑科构属。

识别特征：蔓性藤状灌木。小枝明显伸长，幼时被浅褐色柔毛。单叶互生；叶片卵状椭圆形，先端渐尖至尾尖，基部心形或截形，边缘具细齿，齿尖具腺体，不裂；叶柄被毛。花雌雄异株，雄花序短穗状，雌花集生为球形头状花序。聚花果。

花果期：花期4～6月，果期5～7月。

分　　布：桂北地区、桂东地区、桂西地区、桂中地区。

用　　途：药用、工业用。

薜荔 *Ficus pumila* L.

科　　属：桑科榕属。

别　　名：凉粉果。

识别特征：攀缘或匍匐灌木。营养枝节上生不定根，结果枝上无不定根。单叶互生；叶二型；营养枝上的叶片卵状心形，先端渐尖，基部稍不对称；结果枝上的叶片卵状椭圆形，先端急尖或钝，基部圆形或浅心形，边缘全缘，背面被黄褐色柔毛。榕果单生于叶腋，熟时黄绿色或微红色；总梗粗短。瘦果近倒三角锥状球形，有黏液。

花 果 期：花果期 5～8 月。

分　　布：广西各地。

用　　途：观赏、食用、药用、生态修复。

珍珠榕 *Ficus sarmentosa* Buch.-Ham. ex Sm. var. *henryi* (King et Oliv.) Corner

科　　属：桑科榕属。

识别特征：木质攀缘或匍匐藤状灌木。幼枝密被褐色长柔毛。单叶互生；叶片卵状椭圆形，先端渐尖，基部圆形至楔形，背面密被褐色柔毛或长柔毛；叶柄被毛。榕果成对腋生，表面密被褐色长柔毛，成长后脱落。无花序总梗或具短花序梗。

花 果 期：花期 5 ～ 7 月。

分　　布：桂南地区、桂北地区、桂西地区。

用　　途：食用、药用。

地果 *Ficus tikoua* Bureau

科　　属：桑科榕属。

识别特征：匍匐木质藤本。茎节生细长不定根。单叶互生；叶片倒卵状椭圆形，先端急尖，基部圆形或浅心形，边缘疏生波状浅齿，腹面被刺毛。榕果成对或簇生于匍匐茎上，常埋于土中，球形或卵球形，具梗，熟时深红色，表面具圆瘤点。雄花生于榕果内壁孔口部，雌花生于雌株榕果内壁。瘦果卵球形，表面具瘤体。

花 果 期：花期5～6月，果期7月。

分　　布：广西各地。

用　　途：观赏、食用、药用。

牛筋藤 *Malaisia scandens* (Lour.) Planch.

科　　属：桑科牛筋藤属。

识别特征：攀缘灌木。小枝圆柱形，具白色圆形皮孔。单叶互生；叶片长椭圆形或椭圆状倒卵形，先端急尖，具短尖，基部圆形或浅心形，边缘全缘或疏生齿。花雌雄异株；雄花排成菜黄花序，腋生；雌花序近球形，单个或多个簇生于叶腋，雌花被肉质花被所包。核果卵球形，熟时红色。

花 果 期：花期春夏季，果期夏秋季。

分　　布：桂南地区、桂东地区、桂西地区。

用　　途：药用。

葎草 *Humulus scandens* (Lour.) Merr.

科　　属：大麻科葎草属。

识别特征：缠绕草本。茎、枝、叶柄均具倒钩刺。单叶对生；叶片肾状五角形，掌状 5 ～ 7 深裂，基部心形，腹面疏被糙伏毛，背面被柔毛及黄色腺体；裂片卵状三角形，边缘具齿。雄花小，黄绿色，排成圆锥花序；雌花序球果状。瘦果熟时露出苞片外。

花 果 期：花期春夏季，果期秋季。

分　　布：广西各地。

用　　途：药用、工业用。

南蛇藤 *Celastrus orbiculatus* Thunb.

科　　属：卫矛科南蛇藤属。

识别特征：藤状灌木。单叶互生；叶片宽倒卵形、近圆形或椭圆形，先端圆，具小尖头或短渐尖，基部宽楔形或近圆形，边缘具齿。聚伞花序腋生，间有顶生；花梗中下部或近基部有关节。蒴果近球形。

花 果 期：花期 5 ～ 6 月，果期 7 ～ 10 月。

分　　布：桂中地区、桂北地区、桂西地区、桂南地区。

用　　途：药用、工业用。

扶芳藤 *Euonymus fortunei* (Turcz.) Hand. -Mazz.

科　　属：卫矛科卫矛属。

别　　名：胶州卫矛、常春卫矛。

识别特征：常绿攀缘藤状灌木。枝具气生根。单叶对生；叶片椭圆形、长圆状椭圆形或长倒卵形，先端钝或急尖，基部楔形，边缘齿浅不明显。聚伞花序 3 ～ 4 次分枝；花 4 基数；花冠白绿色。蒴果近球形，熟时粉红色，果皮光滑。种子长方状椭球形；熟时假种皮鲜红色，全包种子。

花 果 期：花期 6 月，果期 10 月。

分　　布：广西各地。

用　　途：观赏、药用。

瘤枝微花藤 *Iodes seguinii* (H. Lév.) Rehder

科　　属：茶茱萸科微花藤属。

识别特征：攀缘木质藤本。卷须侧生于节上；小枝圆柱形，具多数瘤状皮孔，老时皮孔明显突出；幼枝、叶柄、花序均密被锈色卷曲短柔毛。单叶对生；叶片卵形或近圆形，先端钝至锐尖，基部心形，背面密被硬伏毛和较少的微柔毛。伞房状圆锥花序腋生或侧生。核果倒卵状长圆柱形，熟时红色，表面密被伏柔毛。

花 果 期：花期1～5月，果期4～6月。

分　　布：桂西地区、桂南地区。

用　　途：观赏、药用。

小果微花藤 *Iodes vitiginea* (Hance) Hemsl.

科　　属：茶茱萸科微花藤属。

识别特征：攀缘木质藤本。卷须腋生或生于叶柄一侧；小枝、叶背、叶柄、花序及果均被淡黄色、黄色或黄褐色柔毛。单叶对生；叶片长卵形或卵形，先端长渐尖或急尖，基部圆形或微心形。伞房状圆锥花序腋生；雄花序多花密集，雄花花冠黄绿色；雌花序较短，雌花花冠绿色。核果卵球形或宽卵球形，熟时红色，具宿存花冠和花萼。

花 果 期：花期 12 月至翌年 6 月，果期翌年 5～8 月。

分　　布：桂西地区、桂南地区。

用　　途：观赏、药用。

定心藤 *Mappianthus iodoides* Hand. -Mazz.

科　　属：茶茱萸科定心藤属。

别　　名：甜果藤、藤蛇总堂。

识别特征：木质藤本。幼枝、叶柄、花序梗及果表面均被黄褐色糙伏毛；小枝具皮孔；卷须粗壮，与叶轮生。单叶对生或近对生；叶片长椭圆形或长圆形，先端渐尖或尾状，基部圆形或楔形；叶柄腹面有窄槽。雌雄花序交替腋生；雄花花冠黄色。核果椭球形，熟时橙黄色或橙红色，基部具宿存、微增大的萼片。

花 果 期：花期4～8月，果期6～12月。

分　　布：广西各地。

用　　途：食用、药用。

赤苍藤 *Erythropalum scandens* Blume

科　　属：铁青树科赤苍藤属。

别　　名：蚂蟥藤。

识别特征：常绿攀缘木质藤本。具腋生卷须。单叶互生；叶片卵形、长卵形或三角状卵形，先端渐尖、钝尖或突尖，基部微心形、平截、圆形或宽楔形，背面粉绿色；基出脉3条。二歧聚伞花序腋生；花序轴分枝及花梗均纤细，开花后渐增粗增长；花瓣白色。核果卵状椭球形或椭球形，全被增大的壶状花萼筒包围，熟时淡红褐色。

花　果　期：花期4～5月，果期5～7月。

分　　布：桂东地区、桂南地区、桂西地区、桂北地区。

用　　途：观赏、食用、药用、工业用。

山柑藤 *Cansjera rheedii* J. F. Gmel.

科　　属：山柚子科山柑藤属。

识别特征：攀缘灌木。枝条广展，有时具刺，小枝、花序均被淡黄色短茸毛。单叶互生；叶片卵圆形或长圆状披针形，先端长渐尖，基部阔楔形或钝圆，边缘全缘；叶柄被短柔毛。花多朵排成密生的穗状花序，腋生；花被筒坛状，黄色，花被裂片4枚。核果长椭球形或椭球形，顶部有小突尖，熟时橙红色。

花　果　期：花期10月至翌年1月，果期翌年1～4月。

分　　布：桂南地区、桂中地区。

用　　途：药用。

寄生藤 *Dendrotrophe varians* (Blume) Miq.

科　　属：檀香科寄生藤属。

别　　名：叉脉寄生藤。

识别特征：木质藤本。枝三棱柱形，扭曲。单叶互生；叶片倒卵形至阔椭圆形，先端钝圆，有短尖，基部收缩下延成叶柄；基出脉3条；叶柄扁平。花雌雄异株；雄花球形，5～6朵排成聚伞花序；雌花或两性花通常单生，雌花短圆柱状，两性花卵形。核果卵状或卵球形，顶部有内拱形宿存花被，熟时棕黄色至红褐色。

花 果 期：花期1～3月，果期6～8月。

分　　布：桂南地区、桂东地区、桂西地区。

用　　途：药用。

多花勾儿茶 *Berchemia floribunda* (Wall.) Brongn.

科　　属：鼠李科勾儿茶属。

识别特征：藤状或直立灌木。幼枝黄绿色。单叶互生；茎上部的叶片卵形、卵状椭圆形或卵状披针形，先端锐尖；茎下部的叶片椭圆形，先端钝或圆形，基部圆形；侧脉每边 9 ～ 12 条；托叶窄披针形，宿存。花常数朵簇生成顶生宽聚伞圆锥花序。核果圆柱状椭球形，基部有盘状宿存花盘。

花 果 期：花期 7 ～ 10 月，果期翌年 4 ～ 7 月。

分　　布：广西各地。

用　　途：观赏、药用。

毛咀签 *Gouania javanica* Miq.

科　　属：鼠李科咀签属。

识别特征：攀缘灌木。小枝、叶柄、花序轴、花梗和花萼外面均被棕色密短柔毛。单叶互生；叶片卵形或宽卵形，先端短渐尖或渐尖，基部心形或圆形，边缘全缘或具细钝齿，背面被锈色茸毛或灰色丝状柔毛。聚伞总状花序或聚伞圆锥花序顶生或腋生，花序下部常有卷须。蒴果，具 3 翅，顶部有宿存萼，熟时黄色。

花 果 期：花期 7～9 月，果期 11 月至翌年 3 月。

分　　布：桂南地区、桂西地区、桂北地区。

用　　途：药用。

皱叶雀梅藤 *Sageretia rugosa* Hance

科　　属：鼠李科雀梅藤属。

识别特征：藤状或直立灌木。幼枝和小枝被锈色茸毛或密短柔毛，侧枝有时呈钩状。单叶互生或近对生；叶片卵状长圆形或卵形，先端锐尖或短渐尖，基部近圆形，边缘具细齿；侧脉和网脉在腹面明显下陷，干时常皱褶；叶柄腹面具沟，密被短柔毛。穗状花序或穗状圆锥花序顶生或腋生；花序轴密被柔毛或茸毛；花瓣匙形，先端2浅裂，内卷。核果球形，熟时红色或紫红色。

花　果　期：花期7～12月，果期翌年3～4月。

分　　布：桂北地区、桂西地区、桂东地区、桂南地区。

用　　途：药用。

雀梅藤 *Sageretia thea* (Osbeck) M. C. Johnst.

科　　属：鼠李科雀梅藤属。

识别特征：藤状或直立灌木。小枝具刺，被柔毛。单叶近对生或互生；叶片椭圆形、矩圆形或卵状椭圆形，先端锐尖，基部圆形或近心形；叶柄被柔毛。疏散穗状花序或圆锥状穗状花序；花序轴被茸毛或密柔毛；花无梗，黄色，芳香。核果近球形，熟时黑色或紫黑色。

花果期：花期7～11月，果期翌年3～5月。

分　　布：桂南地区。

用　　途：观赏、食用、药用。

海南翼核果 *Ventilago inaequilateralis* Merr. et Chun

科　　属：鼠李科翼核果属。

识别特征：藤状灌木。单叶互生；叶片长圆形或椭圆形，先端钝或近圆形，基部楔形或近圆形，边缘全缘或具不明显细齿。聚伞圆锥花序或聚伞总状花序顶生或兼腋生；花黄色。核果基部 1/3 ～ 1/2 为萼筒所包，上端具翅；翅先端钝或近圆形。

花　果　期：花期 2 ～ 5 月，果期 3 ～ 6 月。

分　　布：桂西地区、桂中地区、桂南地区。

用　　途：观赏、药用。

蔓胡颓子 *Elaeagnus glabra* Thunb.

科　　属：胡颓子科胡颓子属。

别　　名：白面将军。

识别特征：常绿蔓生或攀缘灌木。枝无刺，幼枝被锈色鳞片。单叶互生；叶片卵形或卵状椭圆形，先端渐尖或长渐尖，基部圆形，边缘全缘，腹面初时具褐色鳞片，背面铜绿色或灰绿色，被褐色鳞片。花淡白色，下垂，密被银白色和少数褐色鳞片，常簇生于叶腋短枝排成伞形总状花序。坚果核果状，长圆柱形，表面被锈色鳞片，熟时红色。

花 果 期：花期 9 ～ 11 月，果期翌年 4 ～ 5 月。

分　　布：广西各地。

用　　途：食用、药用。

广东蛇葡萄 *Ampelopsis cantoniensis* (Hook. et Arn.) K. Koch

科　　属：葡萄科蛇葡萄属。

识别特征：攀缘木质藤本。小枝圆柱形，有纵棱纹；卷须二叉分歧。二回羽状复叶或小枝上部有一回羽状复叶，互生；二回羽状复叶基部一对小叶常为 3 片小叶，侧生小叶和顶生小叶大多形状各异，通常卵形、卵状椭圆形或长椭圆形，先端急尖、渐尖或骤尾尖，基部多为阔楔形，边缘常有不明显波状齿。伞房状多歧聚伞花序顶生或与叶对生。浆果近球形。

花 果 期：花期 4～7 月，果期 8～11 月。

分　　布：桂南地区、桂北地区、桂西地区、桂东地区。

用　　途：观赏。

蛇葡萄 *Ampelopsis glandulosa* (Wall.) Momiy.

科　　属：葡萄科蛇葡萄属。

别　　名：锈毛蛇葡萄。

识别特征：攀缘木质藤本。小枝圆柱形，有纵棱纹；小枝、叶柄、叶背和花序轴均被锈色长柔毛；卷须二叉或三叉分歧。单叶互生；叶片心形或卵形，3～5中裂，常混生有不分裂者，先端急尖，基部心形，边缘具急尖齿；基出脉5条。复二歧聚伞花序；花梗、花萼、花瓣均被锈色短柔毛。浆果近球形。

花　果　期：花期6～8月，果期9月至翌年1月。

分　　布：广西各地。

用　　途：药用。

光叶蛇葡萄 *Ampelopsis glandulosa* (Wall.) Momiy. var. *hancei* (Planch.) Momiy.

科　　属：葡萄科蛇葡萄属。

识别特征：攀缘木质藤本。小枝圆柱形，有纵棱纹；小枝和叶柄均无毛或被极稀疏的短柔毛；卷须二叉或三叉分歧。单叶互生；叶片心形或卵形，先端急尖，基部心形，边缘具齿；基出脉5条。复二歧聚伞花序。浆果近球形。

花　果　期：花期4～6月，果期8～10月。

分　　布：桂南地区、桂北地区、桂西地区。

用　　途：药用。

异叶蛇葡萄 *Ampelopsis glandulosa* (Wall.) Momiy. var. *heterophylla* (Thunb.) Momiy.

科　　属：葡萄科蛇葡萄属。

识别特征：攀缘木质藤本。小枝圆柱形，有纵棱纹，被疏柔毛；卷须二叉或三叉分歧。单叶互生；叶片心形或卵形，3～5 中裂，常混生有不分裂者，先端急尖，基部心形，边缘具急尖齿；基出脉 5 条；叶柄被疏柔毛。复二歧聚伞花序。浆果近球形。

花 果 期：花期 4～6 月，果期 7～10 月。

分　　布：桂北地区。

用　　途：药用。

异叶蛇葡萄 *Ampelopsis glandulosa* (Wall.) Momiy. var. *heterophylla* (Thunb.) Momiy.

显齿蛇葡萄 *Ampelopsis grossedentata* (Hand. -Mazz.) W. T. Wang

科　　属：葡萄科蛇葡萄属。

识别特征：攀缘木质藤本。小枝圆柱形，具明显纵棱纹；卷须二叉分歧。一回至二回羽状复叶互生；二回羽状复叶基部1对为3片小叶；小叶卵圆形、卵状椭圆形或长椭圆形，先端急尖或渐尖，基部阔楔形或近圆形，边缘具粗齿。伞房状多歧聚伞花序与叶对生。浆果近球形。

花 果 期：花期5～8月，果期8～12月。

分　　布：广西各地。

用　　途：观赏、药用。

乌蔹莓 *Cayratia japonica* (Thunb.) Gagnep.

科　　属：葡萄科乌蔹莓属。

识别特征：攀缘草质藤本。小枝圆柱形，有纵棱纹；卷须二叉或三叉分歧。鸟足状复叶互生，具 5 片小叶；中央小叶长椭圆形或椭圆状披针形，先端急尖或渐尖，基部楔形；侧生小叶椭圆形或长椭圆形，先端急尖或圆形，基部楔形或近圆形，边缘具疏齿。复二歧聚伞花序腋生。浆果近球形。

花 果 期：花期 3～8 月，果期 8～11 月。

分　　布：桂南地区、桂中地区、桂西地区。

用　　途：药用。

翅茎白粉藤 *Cissus hexangularis* Thorel ex Planch.

科　　属：葡萄科白粉藤属。

识别特征：攀缘木质藤本。小枝近圆柱形，具 6 条翅棱，翅棱间有纵棱纹，常皱褶，节部干时收缩；卷须不分歧。单叶互生；叶片卵状三角形，先端骤尾尖，基部截形或近截形，边缘具细齿或齿不明显；基出脉 3 条。复二歧聚伞花序顶生或与叶对生。浆果近球形。

花 果 期：花期 9 ～ 11 月，果期 12 月至翌年 2 月。

分　　布：桂南地区、桂北地区、桂东地区。

用　　途：观赏、药用、生态修复。

白粉藤 *Cissus repens* **Lam.**

科　　属：葡萄科白粉藤属。

识别特征：攀缘草质藤本。小枝圆柱形，有纵棱纹，常被白粉；卷须二叉分歧。单叶互生；叶片心状卵圆形，先端急尖或渐尖，基部心形，边缘具细锐齿；基出脉 3 ～ 5 条。花序顶生或与叶对生，花序轴二级分枝排成伞形花序。浆果倒卵球形。

花 果 期：花期 7 ～ 10 月，果期 11 月至翌年 5 月。

分　　布：桂南地区、桂北地区、桂西地区。

用　　途：观赏、药用。

锦屏藤 *Cissus verticillata* (L.) Nicolson et C. E. Jarvis

科　　属：葡萄科白粉藤属。

识别特征：常绿攀缘草质藤本。茎具卷须；嫩茎青绿色，老茎灰白色；气生根线形，着生于茎节处，短气生根分生多条侧根，下垂生长；初生气生根紫红色，老熟气生根黄绿色。单叶互生；叶片阔卵形，先端渐尖，基部心形，边缘具钝齿。多歧聚伞花序与叶对生；花小；花冠淡绿白色。浆果球形。

花　果　期：花期春季至秋季，果期 7 ～ 8 月。

分　　布：桂南地区有栽培。

用　　途：观赏。

异叶地锦 *Parthenocissus dalzielii* Gagnep.

科　　属：葡萄科地锦属。

识别特征：攀缘木质藤本。小枝无毛；卷须总状 5 ～ 8 歧分叉，嫩时顶端膨大呈圆球形，遇附着物时扩大为吸盘状。叶二型；侧出较小的长枝上常散生较小的单叶，叶片卵圆形；主枝或短枝上集生三出复叶，顶生小叶长椭圆形，侧生小叶卵状椭圆形。多歧聚伞花序常生于短枝顶端叶腋。浆果球形，熟时紫黑色。

花 果 期：花期 5 ～ 7 月，果期 7 ～ 11 月。

分　　布：广西各地。

用　　途：观赏、药用。

地锦 *Parthenocissus tricuspidata* (Sieb. et Zucc.) Planch.

科　　属：葡萄科地锦属。

识别特征：大型攀缘落叶木质藤本。卷须5～9歧分叉，顶端嫩时膨大呈圆球形，遇附着物时扩大为吸盘状。单叶互生；叶片倒卵圆形，通常3裂，基部心形，边缘具粗齿，幼苗或下部枝上的叶较小；基出脉5条。花序生于短枝上，花序轴基部分枝形成多歧聚伞花序。浆果球形，熟时蓝色。

花 果 期：花期5～8月，果期9～10月。

分　　布：桂北地区、桂西地区。

用　　途：观赏、药用。

茎花崖爬藤 *Tetrastigma cauliflorum* Merr.

科　　属：葡萄科崖爬藤属。

识别特征：大型攀缘木质藤本。茎压扁状，灰褐色；小枝有纵棱纹；卷须不分歧，相隔2节间断与叶对生。掌状复叶互生，具5片小叶；小叶长椭圆形、椭圆状披针形或倒卵状长椭圆形，先端短尾尖，基部阔楔形或近圆形，边缘具齿，齿通常粗大，伸展。多歧聚伞花序着生在老茎上，花序梗基部有节。浆果椭球形或卵球形，干时皱缩。

花　果　期：花期4月，果期6～12月。

分　　布：桂西地区、桂南地区。

用　　途：观赏。

三叶崖爬藤 *Tetrastigma hemsleyanum* Diels et Gilg

科　　属：葡萄科崖爬藤属。

识别特征：攀缘草质藤本。小枝细，卷须不分歧。三出复叶互生；小叶披针形、长椭圆状披针形或卵状披针形，先端渐尖，基部楔形或圆形，每边具 4 ～ 6 枚小齿；侧生小叶基部不对称。花序腋生，下部有节，花序轴二级分枝通常 4 个，集生成伞形花序，花二歧状着生在分枝末端。浆果近球形。

花 果 期：花期 4 ～ 6 月，果期 8 ～ 11 月。

分　　布：桂北地区、桂南地区、桂西地区、桂东地区。

用　　途：药用。

崖爬藤 *Tetrastigma obtectum* (Wall. ex Lawson) Planch. ex Franch.

科　　属：葡萄科崖爬藤属。

识别特征：草质藤本。卷须 4 ～ 7 分歧集生成伞状。掌状复叶互生，具 5 片小叶；小叶菱状椭圆形或椭圆状披针形，每边具 3 ～ 8 枚齿；小叶柄极短或几乎无柄；托叶褐色，常宿存。花序顶生或假顶生于具有 1 ～ 2 片叶的短枝上，多数花集生成单伞形。浆果球形。

花 果 期：花期 4 ～ 6 月，果期 8 ～ 11 月。

分　　布：桂西地区。

用　　途：药用、生态修复。

扁担藤 *Tetrastigma planicaule* (Hook. f.) Gagnep.

科　　属： 葡萄科崖爬藤属。

识别特征： 大型攀缘木质藤本。茎压扁状，深褐色；卷须不分歧。掌状复叶互生，具5片小叶；小叶长圆状披针形，先端渐尖，基部楔形，边缘具稀疏钝齿。复伞形聚伞花序腋生，花序梗下部有节。浆果近球形，多肉质。

花 果 期： 花期4～6月，果期8～12月。

分　　布： 广西各地。

用　　途： 观赏、药用、生态修复。

刺葡萄 *Vitis davidii* (Romanet du Caillaud) Foëx

科　　属：葡萄科葡萄属。

别　　名：蓝果刺葡萄。

识别特征：攀缘木质藤本。小枝无毛，具皮刺；卷须二叉分歧。单叶互生；叶片卵圆形或卵状椭圆形，先端短尾尖，基部心形，每边具 12 ～ 33 枚锐齿，不分裂或微 3 浅裂；基出脉 5 条，网脉明显。圆锥花序与叶对生。浆果球形，熟时紫红色。

花 果 期：花期 4 ～ 6 月，果期 7 ～ 10 月。

分　　布：桂北地区、桂西地区。

用　　途：食用、药用。

毛葡萄 *Vitis heyneana* **Roem. et Schult.**

科　　属：葡萄科葡萄属。

别　　名：山野葡萄。

识别特征：攀缘木质藤本。小枝、叶背、花序梗均被灰色或褐色蛛丝状茸毛；卷须二叉分歧，密被茸毛。单叶互生；叶片卵圆形、长卵状椭圆形或五角状卵形，先端急尖或渐尖，基部浅心形，每边具 9～19 枚尖锐齿；基出脉 3～5 条；叶柄密被蛛丝状茸毛。圆锥花序分枝发达，疏散。浆果球形，熟时紫黑色。

花 果 期：花期 4～6 月，果期 6～10 月。

分　　布：桂北地区、桂西地区、桂中地区。

用　　途：食用、药用。

葡萄 *Vitis vinifera* L.

科　　属：葡萄科葡萄属。

识别特征：攀缘木质藤本。小枝圆柱形，有纵棱纹；卷须二叉分歧。单叶互生；叶片宽卵圆形，3～5浅裂或中裂，先端急尖，基部深心形，两侧常靠合，每边具22～27枚齿，齿深而粗大；基出脉5条。圆锥花序基部分枝发达，密集或疏散。浆果球形或椭球形。

花 果 期：花期4～5月，果期8～9月。

分　　布：广西各地有栽培。

用　　途：观赏、食用、药用。

大果俞藤 *Yua austroorientalis* (F. P. Metcalf) C. L. Li

科　　属：葡萄科俞藤属。

识别特征：攀缘木质藤本。小枝圆柱形，褐色或灰褐色，多皮孔；卷须二叉分歧，与叶对生。掌状复叶互生，具 5 片小叶；小叶倒卵状披针形或倒卵状椭圆形，先端急尖、短渐尖或钝，基部楔形，边缘上部每边具 2～5 枚齿，背面常有白粉。复二歧聚伞花序与叶对生，被白粉。浆果球形，熟时紫红色。

花 果 期：花期 5～7 月，果期 10～12 月。

分　　布：桂北地区、桂东地区。

用　　途：观赏、食用。

飞龙掌血 *Toddalia asiatica* (L.) Lam.

科　　属：芸香科飞龙掌血属。

别　　名：散血丹。

识别特征：攀缘木质藤本。老茎具突起的皮孔，茎枝及叶轴均具钩刺。三出复叶互生；小叶无柄，卵形、倒卵形、椭圆形或倒卵状椭圆形，先端骤尖或短尖，基部宽楔形，中部以上具钝圆齿，密生透明油腺点。雄花序为伞房状圆锥花序，雌花序为聚伞圆锥花序；花淡黄白色。核果熟时橙红色或朱红色，近球形，含胶液。

花　果　期：花期春夏季，果期秋冬季。

分　　布：广西各地。

用　　途：观赏、药用。

两面针 *Zanthoxylum nitidum* (Roxb.) DC.

科　　属：芸香科花椒属。

识别特征：攀缘木质藤本。老茎有蜿蜒而上的翼状木栓层，茎枝、叶轴背面、小叶两面中脉常具钩刺。奇数羽状复叶互生，具小叶 3～11 片；小叶对生，宽卵形、近圆形或窄长椭圆形，先端尾状凹缺，凹缺处具油腺点，基部圆形或宽楔形，边缘疏生浅齿或近全缘。聚伞圆锥花序腋生；花瓣淡黄绿色。蓇葖果熟时红褐色，表面油腺点多。

花 果 期：花期 3～5 月，果期 9～11 月。

分　　布：桂东地区、桂南地区、桂中地区、桂西地区。

用　　途：观赏、药用。

倒地铃 *Cardiospermum halicacabum* L.

科　　属：无患子科倒地铃属。

识别特征：攀缘草质藤本。茎枝绿色，具5～6条棱，棱上被皱曲柔毛。二回三出复叶互生；顶生小叶斜披针形或近菱形，侧生小叶卵形或长椭圆形，先端渐尖，边缘疏生齿或羽状分裂。圆锥花序少花，花序梗第一对分枝变成的卷须螺旋状；花瓣乳白色。蒴果梨形或陀螺状倒三角形，熟时褐色，表面被柔毛。

花　果　期：花期夏秋季，果期秋季至初冬。

分　　布：广西各地。

用　　途：观赏、药用。

簇花清风藤 *Sabia fasciculata* Lecomte ex L. Chen

科　　属：清风藤科清风藤属。

识别特征：常绿攀缘木质藤本。嫩枝褐色或黑褐色，具白蜡层。单叶互生；叶片长圆形、椭圆形、倒卵状长圆形或狭椭圆形，先端尖或长渐尖，基部楔形或圆形；侧脉每边 5 ～ 8 条。聚伞花序有花 3 ～ 4 朵，再排成伞房花序；花淡绿色。核果熟时红色。

花 果 期：花期 2 ～ 5 月，果期 5 ～ 10 月。

分　　布：桂北地区、桂中地区、桂东地区、桂西地区。

用　　途：观赏。

柠檬清风藤 *Sabia limoniacea* Wall. ex Hook. f. et Thomson

科　　属：清风藤科清风藤属。

识别特征：常绿攀缘木质藤本。嫩枝绿色，老枝褐色，具白蜡层。单叶互生；叶片椭圆形、长圆状椭圆形或卵状椭圆形，先端短渐尖或急尖，基部阔楔形或圆形；侧脉每边6～7条，网脉稀疏。聚伞花序有花2～4朵，再排成狭长的圆锥花序；花淡绿色、黄绿色或淡红色。核果熟时红色。

花　果　期：花期8～11月，果期翌年1～5月。

分　　布：广西各地。

用　　途：观赏、药用。

利黄藤 *Pegia sarmentosa* (Lecomte) Hand. -Mazz.

科　　属：漆树科藤漆属。

别　　名：泌脂藤、脉果藤。

识别特征：攀缘木质藤本。枝紫褐色。奇数羽状复叶互生，具小叶 5 ～ 7 对，叶轴和叶柄腹面均具槽，被卷曲黄色微柔毛；小叶对生，长圆形或椭圆状长圆形，先端渐尖或急尖，基部近心形，边缘上半部具疏离钝齿或近全缘，叶背脉腋具灰黄色髯毛；侧脉和细脉在叶背突起。圆锥花序。核果椭球形或卵球形，压扁状。

花 果 期：花期 2 ～ 4 月，果期 4 ～ 5 月。

分　　布：桂西地区、桂南地区。

用　　途：药用。

小叶红叶藤 *Rourea microphylla* (Hook. et Arn.) Planch.

科　　属：牛栓藤科红叶藤属。

别　　名：红叶藤、红顶藤。

识别特征：攀缘灌木。奇数羽状复叶互生，常具 7 ～ 17 片小叶；小叶卵形、披针形或长圆状披针形，先端渐尖而钝，基部楔形或圆形，常偏斜，边缘全缘。圆锥花序腋生；花序梗和花梗均纤细；花瓣白色、淡黄色或淡红色。蓇葖果椭球形或斜卵形，熟时红色，表面有纵条纹，基部有宿存萼片。

花 果 期：花期 3 ～ 9 月，果期 5 月至翌年 3 月。

分　　布：桂南地区、桂东地区、桂西地区。

用　　途：观赏、药用、工业用。

常春藤 *Hedera sinensis* (Tobler) Hand.-Mazz.

科　　属：五加科常春藤属。

识别特征：常绿攀缘灌木。茎灰棕色或黑棕色，具气生根。单叶互生；叶二型；营养枝上的叶片通常为三角状卵形或三角状长圆形，边缘全缘或3裂；结果枝上的叶片通常为椭圆状卵形至椭圆状披针形，边缘全缘或1～3浅裂；两面的侧脉和网脉均明显。伞形花序单个顶生或2～7个再排成圆锥花序；花淡黄白色或淡绿白色。浆果球形，熟时红色或黄色。

花 果 期：花期9～11月，果期翌年3～5月。

分　　布：桂北地区、桂西地区、桂中地区。

用　　途：观赏、药用、工业用。

鹅掌藤 *Schefflera arboricola* (Hayata) Merr.

科　　属：五加科鹅掌柴属。

识别特征：藤状灌木。小枝具 5～6 条纵棱。掌状复叶互生，具小叶 7～9 片；小叶倒卵状长圆形或长圆形，先端急尖或钝，基部楔形或宽楔形，边缘全缘，两面无毛；网脉明显。伞形圆锥花序顶生；花白色。浆果近球形，有 5 条棱。

花　果　期：花期 7～10 月，果期 9～11 月。

分　　布：桂南地区。

用　　途：观赏、药用。

酸藤子 *Embelia laeta*（L.）Mez

科　　属：紫金牛科酸藤子属。

别　　名：酸果藤、腺毛酸藤子。

识别特征：攀缘灌木或藤本。单叶互生；叶片倒卵形或长圆状倒卵形，先端钝圆或微凹，背面常被白粉。总状花序腋生或侧生，生于上年生无叶枝上。花 4 基数；花瓣白色或带黄色。浆果表面腺点不明显。

花 果 期：花期 12 月至翌年 3 月，果期翌年 4～6 月。

分　　布：桂南地区。

用　　途：食用、药用。

当归藤 *Embelia parviflora* Wall. ex A. DC.

科　　属：紫金牛科酸藤子属。

别　　名：褐毛酸藤子。

识别特征：攀缘灌木或藤本。小枝通常二列状，密被锈色长柔毛。单叶互生，在小枝上排为2列；叶片卵形，先端钝或圆形，基部广钝或近圆形，边缘全缘；叶柄被长柔毛。亚伞形花序或聚伞花序腋生，通常下弯藏于叶下，被锈色长柔毛；花梗被锈色长柔毛；花瓣白色或粉红色。浆果球形，熟时暗红色；宿存萼反卷。

花　果　期：花期12月至翌年5月，果期翌年5～7月。

分　　布：桂西地区、桂南地区。

用　　途：观赏、药用。

白花酸藤子 *Embelia ribes* **Burm. f.**

科　　属：紫金牛科酸藤子属。

识别特征：攀缘灌木或藤本。小枝无毛，老枝皮孔明显。单叶互生；叶片倒卵状圆形或椭圆形，先端钝渐尖，基部楔形或圆形；侧脉不明显；叶柄两侧具窄翅。圆锥花序顶生；花瓣淡绿色或白色。浆果熟时红色或深紫色，干时表面具皱纹或隆起的腺点。

花 果 期：花期 1 ～ 7 月，果期 5 ～ 12 月。

分　　布：广西各地。

用　　途：观赏、药用、食用。

厚叶白花酸藤果 *Embelia ribes* Burm. f. subsp. *pachyphylla* (Chun ex C. Y. Wu et C. Chen) Pipoly et C. Chen

科　　属：紫金牛科酸藤子属。

识别特征：攀缘灌木。小枝密被柔毛，极少无毛。单叶互生；叶片厚，革质或几乎肉质，倒卵状圆形或椭圆形，先端钝渐尖，基部楔形或圆形，腹面光滑，常具皱纹。圆锥花序顶生；花瓣淡绿色或白色。浆果熟时红色或深紫色。

花 果 期：花期 3～4 月，果期 10～12 月。

分　　布：桂南地区。

用　　途：观赏、药用。

厚叶白花酸藤果 *Embelia ribes* Burm. f. subsp. *pachyphylla* (Chun ex C. Y. Wu et C. Chen) Pipoly et C. Chen

瘤皮孔酸藤子 *Embelia scandens* (Lour.) Mez

科　　属：紫金牛科酸藤子属。

别　　名：假刺藤。

识别特征：攀缘灌木。小枝无毛，密布瘤状皮孔。单叶互生；叶片长椭圆形或椭圆形，边缘全缘或上部具不明显疏齿，边缘及先端均具密腺点；叶柄两侧微具窄翅。总状花序腋生；花瓣白色或淡绿色。浆果熟时红色；花柱宿存，宿存萼反卷。

花 果 期：花期 11 月至翌年 1 月，果期翌年 3～5 月。

分　　布：桂南地区、桂西地区。

用　　途：观赏、药用。

瘤皮孔酸藤子 *Embelia scandens* (Lour.) Mez

平叶酸藤子 *Embelia undulata* (Wall.) Mez

科　　属：紫金牛科酸藤子属。

别　　名：吊罗果、厚叶酸藤子。

识别特征：攀缘灌木、藤本或小乔木。单叶互生；叶片椭圆形或长圆状椭圆形，先端急尖或渐尖，基部楔形，边缘全缘，两面无毛。总状花序侧生或腋生，通常着生于上年生无叶的枝条上；花瓣淡黄色或绿白色，分离，椭圆形至卵形。浆果球形或扁球形，表面有明显的纵肋及腺点；宿存萼紧贴果体。

花 果 期：花期4～6月，果期9～11月。

分　　布：桂西地区、桂南地区。

用　　途：药用。

蓬莱葛 *Gardneria multiflora* Makino

科　　属：马钱科蓬莱葛属。

识别特征：常绿木质藤本。枝条无毛，叶痕明显。单叶对生；叶片椭圆形、长椭圆形、卵形或披针形，先端尖或短渐尖，基部楔形或圆形；叶柄间托叶线明显。二歧或三歧聚伞花序腋生；花序梗基部具2枚三角形苞片；花冠黄色或黄白色。浆果圆球形，熟时红色；有时花柱宿存。

花　果　期：花期3～7月，果期7～11月。

分　　布：桂北地区、桂西地区、桂中地区、桂南地区。

用　　途：观赏、药用。

钩吻 *Gelsemium elegans* (Gardn. et Champ.) Benth.

科　　属：马钱科钩吻属。

别　　名：断肠草、大茶药。

识别特征：常绿木质藤本。单叶对生；叶片卵形或卵状披针形，先端渐尖，基部宽楔形或圆形。花密集排成顶生及上部腋生的三歧聚伞花序；花序轴分枝基部具 2 枚三角形苞片；花冠黄色。蒴果卵球形或椭球形，熟时黑色；具宿存萼。

花　果　期：花期 5～11 月，果期 7 月至翌年 3 月。

分　　布：广西各地。

用　　途：药用。

常绿钩吻藤 *Gelsemium sempervirens* (L.) J. St.-Hil.

科　　属：马钱科钩吻属。

别　　名：金钩吻。

识别特征：攀缘灌木。茎纤细。单叶对生；叶片披针形，先端尖，边缘全缘或疏生波纹。花单生或排成小型聚伞花序，顶生或腋生；花芳香；花冠鲜黄色。蒴果。

花 果 期：花期 10 月至翌年 4 月。

分　　布：桂南地区有栽培。

用　　途：观赏。

咖啡素馨 *Jasminum coffeinum* Hand. -Mazz.

科　　属：木犀科素馨属。

识别特征：攀缘藤本。小枝圆柱形或四棱柱形，棱上具狭翼，光滑无毛。单叶对生；叶片卵形、椭圆形或卵状披针形，先端短尾尖，基部圆形；叶柄粗壮，腹面有狭沟，近中部具关节。总状花序近对生或簇生于叶腋；花序轴四棱柱形或圆柱形；花冠白色。浆果椭球形，熟时紫黑色。

花 果 期：花期 3 月，果期 5 月。

分　　布：桂西地区、桂南地区。

用　　途：观赏。

扭肚藤 *Jasminum elongatum* (Bergius) Willd.

科　　属：木犀科素馨属。

别　　名：断骨草、毛毛茶。

识别特征：攀缘灌木。小枝疏被柔毛或密被黄褐色茸毛。单叶对生；叶片卵形或卵状披针形，先端短尖或锐尖，基部圆形、平截或微心形，两面被柔毛。聚伞花序多花，着生于侧枝顶端；花冠白色。浆果长圆柱形或卵球形，熟时黑色。

花　果　期：花期4～12月，果期8月至翌年3月。

分　　布：广西各地。

用　　途：观赏、药用。

清香藤 *Jasminum lanceolaria* Roxb.

科　　属：木犀科素馨属。

识别特征：攀缘灌木。三出复叶，有时生于花序基部的侧生小叶退化成线状而成单叶，对生或近对生；小叶椭圆形、卵形或披针形，先端钝、锐尖、渐尖或尾尖，基部圆形或楔形；叶柄腹面具沟。复聚伞花序常再排成圆锥状，顶生或腋生；花芳香；花冠白色。浆果球形或椭球形，熟时黑色，干时橘黄色。

花 果 期：花期4～10月，果期6月至翌年3月。

分　　布：广西各地。

用　　途：观赏、药用。

青藤仔 *Jasminum nervosum* Lour.

科　　属：木犀科素馨属。

识别特征：攀缘灌木。单叶对生；叶片卵形、窄卵形、椭圆形或披针形，先端急尖、钝、短渐尖至渐尖，基部宽楔形、圆形或截形；基出脉 3 条或 5 条；叶柄具关节。花常单生或 3～5 朵排成聚伞花序，顶生；花芳香；花冠白色。浆果球形或长圆柱形，熟时由红色变黑色。

花　果　期：花期 3～7 月，果期 4～10 月。

分　　布：桂南地区、桂东地区、桂西地区。

用　　途：观赏、药用。

厚叶素馨 *Jasminum pentaneurum* Hand.-Mazz.

科　　属：木犀科素馨属。

识别特征：攀缘灌木。小枝黄褐色，枝中空。单叶对生；叶片宽卵形、卵形或椭圆形，先端渐尖或尾状渐尖，基部圆形或宽楔形；基出脉 5 条；叶柄扭转，下部具关节。聚伞花序密集似头状，顶生或腋生；花芳香；花冠白色。浆果球形、椭球形或肾形，熟时黑色。

花 果 期：花期 8 月至翌年 2 月，果期翌年 2～5 月。

分　　布：广西各地。

用　　途：观赏、药用。

多花素馨 *Jasminum polyanthum* Franchet

科　　属：木犀科素馨属。

识别特征：缠绕木质藤本。小枝无毛。叶为羽状深裂的单叶或一回羽状复叶，对生，后者具小叶 5～7 片；羽状复叶的顶生小叶披针形或卵形，先端尖或尾尖，基部楔形或圆形；侧生小叶卵形或长卵形，先端钝或尖，基部圆形、宽楔形或心形；基出脉 3 条。总状花序或圆锥花序；花冠外面在花蕾期红色，开花后变白，内面白色。浆果近球形，熟时黑色。

花 果 期：花期 2～8 月，果期 11 月。

分　　布：南宁有栽培。

用　　途：观赏、药用、工业用。

亮叶素馨 *Jasminum seguinii* H. Lév.

科　　属：木犀科素馨属。

别　　名：川骨头。

识别特征：缠绕木质藤本。小枝无毛。单叶对生；叶片卵形或窄椭圆形，先端锐尖、渐尖或尾尖，基部楔形或圆形；叶柄中部具关节。聚伞花序再排成总状或圆锥状复花序；花冠白色。浆果近球形，熟时黑色。

花　果　期：花期 5～10 月，果期 8 月至翌年 4 月。

分　　布：广西各地有栽培。

用　　途：观赏、药用。

密花素馨 *Jasminum tonkinense* Gagnep.

科　　属：木犀科素馨属。

识别特征：攀缘灌木。小枝扁平，被短柔毛。单叶对生；叶片卵形、长卵形、窄椭圆形、椭圆形或披针形，先端锐尖、渐尖至尾状渐尖，基部楔形、钝或圆形；叶柄被短柔毛，近中部具关节，腹面具沟。头状或圆锥状聚伞花序密集，着生于短侧枝上端或枝顶；花序基部具小叶状苞片；花冠白色。浆果椭球形或圆柱形，熟时黑色。

花 果 期：花期11月至翌年5月，果期翌年4～6月。

分　　布：桂西地区、桂南地区。

用　　途：观赏、药用。

软枝黄蝉 *Allamanda cathartica* L.

科　　属：夹竹桃科黄蝉属。

识别特征：藤状灌木。植株具乳汁。单叶对生或 3～5 片轮生；叶片倒卵形、窄倒卵形或长圆形。伞房花序；花序梗短；花冠黄色，漏斗形。蒴果近球形，表面具刺。

花 果 期：花期春夏季。

分　　布：广西各地有栽培。

用　　途：观赏、药用。

软枝黄蝉 *Allamanda cathartica* L.

狭叶链珠藤 *Alyxia schlechteri* H. Lév.

科　　属：夹竹桃科链珠藤属。

识别特征：木质藤本。植株具乳汁，除幼嫩部分和花序外其余无毛。枝条灰色，皮孔密。单叶对生或 3 ～ 4 片轮生，常集生于小枝上部；叶片窄椭圆形或窄披针形，先端渐尖或尖，基部宽楔形。聚伞花序腋生，多花；花冠黄色。核果链珠状，具 2 ～ 3 个果节，果节椭球形，熟时紫黑色。

花　果　期：果期 12 月至翌年 5 月。

分　　布：桂北地区、桂南地区、桂西地区、桂中地区。

用　　途：观赏、药用。

飘香藤 *Mandevilla sanderi* (Hemsl.) Woodson

科　　属：夹竹桃科飘香藤属。

识别特征：常绿木质藤本。植株具乳汁。单叶对生；叶片椭圆形或长卵圆形，先端急尖，边缘全缘，腹面有皱褶。总状花序腋生；花芳香；花冠漏斗形，红色、桃红色、粉红色等。

花 果 期：花期主要为夏秋季。

分　　布：南宁有栽培。

用　　途：观赏。

茶藤 *Melodinus magnificus* Tsiang

科　　属：夹竹桃科山橙属。

别　　名：大山橙。

识别特征：攀缘木质藤本。小枝黑褐色，具乳汁，被锈色短柔毛。单叶对生；叶片长圆状披针形，先端渐尖，基部楔形；侧脉近平行，网脉明显；叶柄被微短柔毛，腹面具槽。聚伞花序顶生，比叶短；花冠白色，高脚碟状；副花冠鳞片状，贴生于花冠筒喉部。浆果椭球形，具尖头，熟时黄色。

花果期：花期 6 ～ 7 月，果期 10 ～ 12 月。

分　　布：桂东地区、桂南地区、桂西地区、桂中地区。

用　　途：药用。

羊角拗 *Strophanthus divaricatus* (Lour.) Hook. et Arn.

科　　属：夹竹桃科羊角拗属。

别　　名：断肠草、羊角藤。

识别特征：木质藤本或藤状灌木。植株具乳汁，除花冠外其余无毛。具匍匐茎。枝的顶部蔓延，小枝密具皮孔。单叶对生；叶片窄椭圆形或倒卵状长圆形，先端短尖，基部楔形，边缘全缘。聚伞花序顶生；花冠黄色，花冠裂片卵形，先端长尾带状，基部内面具红色斑点。蓇葖果双生，叉开，木质，椭球状长圆柱形，顶部渐尖，基部膨大。

花　果　期：花期 3～7 月，果期 6～12 月。

分　　布：广西各地。

用　　途：观赏、药用。

络石 *Trachelospermum jasminoides* (Lindl.) Lem.

科　　属：夹竹桃科络石属。

识别特征：常绿木质藤本。植株具乳汁。茎常生气生根。单叶对生；叶片卵形、倒卵形、椭圆形至卵状椭圆形，先端锐尖至渐尖或钝，基部渐窄至钝。圆锥状聚伞花序顶生及腋生；花芳香；花冠白色，花冠裂片倒卵形。菁葵果双生，叉开，线状披针形。

花　果　期：花期 3～8 月，果期 6～12 月。

分　　布：广西各地。

用　　途：观赏、药用、生态修复。

品　　　种：花叶络石（*Trachelospermum jasminoides* 'Flame'）叶片腹面有白色或乳黄色不规则斑点。

杜仲藤 *Urceola micrantha* (Wall. ex G. Don) D. J. Middleton

科　　属：夹竹桃科水壶藤属。

别　　名：刺耳南。

识别特征：攀缘灌木。植株具乳汁。枝有不明显皮孔。单叶对生；叶片椭圆形或卵圆状椭圆形，先端渐尖，基部锐尖；叶柄有微毛。总状聚伞花序，花密集；花小；花萼5深裂；花冠坛状，近钟形，水红色。蓇葖果双生，基部膨大，向顶部渐狭尖。

花 果 期：花期3～6月，果期7～12月。

分　　布：广西各地。

用　　途：药用。

酸叶胶藤 *Urceola rosea* (Hook. et Arn.) D. J. Middleton

科　　属：夹竹桃科水壶藤属。

识别特征：木质藤本。植株具乳汁。单叶对生；叶片宽椭圆形，先端骤尖，基部楔形，两面无毛，背面被白粉。圆锥状聚伞花序宽松展开，顶生；花冠粉红色，花冠裂片卵圆形。蓇葖果双生，叉开成近直线，圆柱形，表面密具斑点。

花　果　期：花期4～12月，果期6～12月。

分　　布：广西各地。

用　　途：观赏、药用。

吊灯花 *Ceropegia trichantha* Hemsl.

科　　属：萝藦科吊灯花属。

别　　名：狭瓣吊灯花。

识别特征：缠绕草质藤本。植株具乳汁。茎纤弱。单叶对生；叶片长圆状披针形，先端渐尖，基部圆形；叶柄具翅，被平伏短柔毛。聚伞花序；花萼裂片披针形；花冠吊灯状，花冠筒绿白色，基部肿大，花冠裂片深紫色；副花冠2轮，内轮具长硬毛。蓇葖果单生，长披针形。

花　果　期：花期8～10月，果期12月。

分　　布：桂东地区、桂西地区、桂中地区、桂南地区。

用　　途：观赏、药用。

心叶荟蔓藤 *Cosmostigma cordatum* (Poir.) M. R. Almeida

科　　属：萝藦科荟蔓藤属。

识别特征：常绿缠绕木质藤本。植株具乳汁。单叶对生；叶片卵圆状心形，先端渐尖，基部心形；基出脉3～5条。伞形聚伞花序腋生；花冠黄绿色；副花冠5枚。蓇葖果单生，大型，长圆柱形。

花　果　期：花期5月。

分　　布：南宁有栽培。

用　　途：观赏、生态修复。

古钩藤 *Cryptolepis buchananii* Schult.

科　　属：萝藦科白叶藤属。

别　　名：白马连鞍。

识别特征：缠绕木质藤本。植株具乳汁。茎皮红褐色，有斑点。单叶对生；叶片长圆形或椭圆形，先端圆形，具小尖头，基部阔楔形，叶背苍白色；侧脉近水平横出。聚伞花序腋生；花冠黄白色；副花冠裂片5枚。蓇葖果双生，叉开成直线，长圆柱形。

花 果 期：花期3～8月，果期6～12月。

分　　布：桂南地区、桂西地区。

用　　途：药用。

牛皮消 *Cynanchum auriculatum* Royle ex Wight

科　　属：萝藦科鹅绒藤属。

别　　名：耳叶白薇。

识别特征：缠绕草质藤本。植株具乳汁。宿根肥厚，块状。单叶对生；叶片宽卵形，先端短渐尖，基部深心形，具圆形耳；基出脉5条。总状聚伞花序；花冠白色、淡黄色、粉红色或紫色；副花冠5深裂。菁葖果双生，长圆柱状披针形。

花 果 期：花期6～9月，果期7～11月。

分　　布：广西各地。

用　　途：观赏、药用。

鹅绒藤 *Cynanchum chinense* R. Br.

科　　属：萝藦科鹅绒藤属。

识别特征：缠绕草质藤本。植株具乳汁，全株被短柔毛。单叶对生；叶片宽三角状心形，先端骤尖，基部心形；基出脉9条。伞形聚伞花序，二歧分枝；花冠白色；副花冠杯状，顶部具10枚丝状体，2轮。蓇葖果双生或仅有1个发育，细圆柱状。

花 果 期：花期6～8月，果期8～10月。

分　　布：南宁有栽培。

用　　途：观赏、药用。

昆明杯冠藤 *Cynanchum wallichii* Wight

科　　属：萝藦科鹅绒藤属。

识别特征：多年生草质藤本。植株具乳汁。茎被单列毛。单叶对生；叶片卵状长圆形，先端短渐尖，基部耳状心形；托叶单生于叶腋，叶状。伞房状聚伞花序腋生；花冠白色或黄白色；副花冠白色。蓇葖果单生，近纺锤形，向端部成喙状，中部膨大。

花　果　期：花期 7 ～ 10 月，果期 9 月开始。

分　　布：桂西地区。

用　　途：观赏、药用。

南山藤 *Dregea volubilis* (L. f.) Benth. ex Hook. f.

科　　属：萝藦科南山藤属。

别　　名：木通藤。

识别特征：大藤本。植株具乳汁。枝灰褐色，具皮孔；小枝绿色。单叶对生；叶片卵圆形，先端稍骤尖或短渐尖，基部浅心形或平截。伞形聚伞花序腋生，下垂，多花；花芳香；花冠绿色或黄绿色；副花冠黄绿色，肉质，膨胀。菁葵果单生，窄卵球形，具多皱棱或纵肋。

花 果 期：花期4～9月，果期7～12月。

分　　布：桂南地区、桂西地区。

用　　途：药用。

匙羹藤 *Gymnema sylvestre* (Retz.) Schult.

科　　属：萝藦科匙羹藤属。

别　　名：断肠苦蔓。

识别特征：木质藤本。植株具乳汁。茎皮具皮孔。单叶对生；叶片倒卵形、椭圆形或卵状长圆形，先端骤短尖，基部宽楔形；叶柄被短柔毛。伞形聚伞花序腋生，比叶短；花序梗、花梗均被短柔毛；花冠绿白色；副花冠厚且成硬条带。蓇葖果常单生，卵状披针形，基部膨大，顶部渐尖。

花 果 期：花期 4 ～ 11 月，果期 9 ～ 12 月。

分　　布：广西各地。

用　　途：药用。

醉魂藤 *Heterostemma alatum* Wight

科　　属：萝藦科醉魂藤属。

识别特征：攀缘木质藤本。植株具乳汁。茎具纵条纹及2列柔毛。单叶对生；叶片宽卵形或长圆状卵形，先端渐尖，基部圆形或宽楔形；基出脉3～5条；叶柄扁平，粗壮，被柔毛。伞形聚伞花序腋生；花序梗粗壮，被微毛；花冠黄色，辐状；副花冠裂片长舌状，星状开展。蓇葖果双生，窄披针状圆柱形，具纵条纹。

花　果　期：花期4～9月，果期6月至翌年2月。

分　　布：桂南地区。

用　　途：药用。

球兰 *Hoya carnosa* (L. f.) R. Br.

科　　属：萝藦科球兰属。

识别特征：攀缘藤状灌木。植株具乳汁，除花序外其余无毛。茎粗壮，淡灰色，节上生气生根。单叶对生；叶片肉质，卵状长圆形或椭圆形，先端钝，基部圆形或楔形；侧脉不明显。伞形聚伞花序腋外生；花冠白色，辐状；副花冠裂片星状开展。蓇葖果窄披针状圆柱形。

花　果　期：花期4～6月，果期7～8月。

分　　布：桂西地区、桂南地区、桂中地区。

用　　途：观赏、药用。

凹叶球兰 *Hoya kerrii* Craib

科　　属：萝藦科球兰属。

识别特征：攀缘附生亚灌木。植株具乳汁。单叶对生；叶片肉质，倒卵形，先端2裂，基部圆形；侧脉不明显；叶柄粗壮。伞形花序腋生，半球状，具花30～50朵；花冠白色，花冠裂片外卷；副花冠裂片厚肉质。蓇葖果。

花 果 期：花期6～8月。

分　　布：南宁有栽培。

用　　途：观赏。

三脉球兰 *Hoya pottsii* J. Traill

科　　属：萝藦科球兰属。

别　　名：铁草鞋。

识别特征：附生攀缘灌木。植株具乳汁，除花冠内面外其余无毛。单叶对生；叶片肉质，卵圆形或卵状长圆形，先端骤尖，基部圆形或楔形；基出脉3条，细脉不明显。伞形聚伞花序球形，腋外生；花冠白色，中心淡红色，花冠裂片宽卵形；副花冠裂片星状开展。蓇葖果线状长圆柱形。

花 果 期：花期4～5月，果期8～10月。

分　　布：桂东地区、桂南地区。

用　　途：观赏、药用。

蓝叶藤 *Marsdenia tinctoria* R. Br.

科　　属：萝藦科牛奶菜属。

别　　名：肖牛耳藤。

识别特征：攀缘灌木。植株具乳汁。单叶对生；叶片长圆形或卵状长圆形，先端渐尖，基部近心形，鲜时蓝色，干后亦蓝色。聚伞圆锥花序近腋生；花冠圆筒状钟形，黄白色，干时蓝黑色；副花冠裂片 5 枚，长圆形。蓇葖果圆筒状披针形，表面具茸毛。

花 果 期：花期 3～5 月，果期 8～12 月。

分　　布：桂西地区、桂南地区、桂北地区。

用　　途：药用、工业用。

鲫鱼藤 *Secamone elliptica* R. Br

科　　属: 萝藦科鲫鱼藤属。

别　　称: 吊山藤。

识别特征: 藤状灌木。植株具乳汁,除花序外全株无毛。单叶对生;叶片椭圆形、椭圆状披针形或椭圆状卵形,先端尾尖,基部楔形,具透明腺点;侧脉不明显。聚伞花序腋外生;花序梗曲折,二叉状分枝,被短柔毛;花冠黄色或黄绿色。蓇葖果双生,柱状披针形,基部膨大。

花 果 期: 花期7～8月,果期10月至翌年1月。

分　　布: 桂南地区、桂西地区、桂东地区。

用　　途: 药用。

马莲鞍 *Streptocaulon juventas* (Lour.) Merr.

科　　属：萝藦科马莲鞍属。

别　　名：古羊藤。

识别特征：缠绕常绿木质藤本。植株具乳汁，除花冠外全株密被茸毛。单叶对生；叶片倒卵形或宽椭圆形，先端钝或圆形，具小尖头，基部圆形或心形。聚伞圆锥花序腋生，二歧或三歧分叉；花小；花冠外面黄绿色，内面黄褐色；副花冠裂片丝状。蓇葖果双生，水平叉开，长圆柱形或长圆柱状披针形。

花 果 期：花期 5 ～ 10 月，果期 8 ～ 12 月。

分　　布：桂南地区、桂西地区。

用　　途：药用。

夜来香 *Telosma cordata* (Burm. f.) Merr.

科　　属: 萝藦科夜来香属。

别　　名: 夜香花。

识别特征: 柔弱藤本。植株具乳汁。小枝黄绿色,被短柔毛。单叶对生;叶片卵状长圆形至宽卵形,先端短渐尖,基部深心形;基出脉3～5条;叶柄顶端丛生3～5个小腺体。伞形聚伞花序腋生;花序梗被微柔毛;花芳香;花冠黄绿色,高脚碟状;副花冠裂片近肉质,下部卵形,先端渐尖。蓇葖果柱状披针形,稍具钝棱。

花 果 期: 花期5～10月,果期10～12月。

分　　布: 桂南地区、桂中地区、桂北地区、桂东地区。

用　　途: 观赏、食用、药用、工业用。

娃儿藤 *Tylophora ovata* (Lindl.) Hook. ex Steud.

科　　属：萝藦科娃儿藤属。

别　　名：三分丹、通脉丹。

识别特征：攀缘藤本。植株具乳汁，全株被锈色糙硬毛或柔毛。茎上部缠绕。单叶对生；叶片卵形，先端急尖，具细尖头，基部浅心形，边缘全缘。伞房状聚伞花序丛生于叶腋；花序轴曲折；多花；花冠淡黄色或黄绿色，辐状；副花冠裂片卵球形。蓇葖果双生，圆柱状披针形。

花 果 期：花期4～8月，果期8～12月。

分　　布：广西各地。

用　　途：药用。

娃儿藤 *Tylophora ovata* (Lindl.) Hook. ex Steud.

流苏子 *Coptosapelta diffusa* (Champ. ex Benth.) Steenis

科　　属：茜草科流苏子属。

识别特征：攀缘灌木。枝多数，圆柱形，幼时密被黄褐色倒伏硬毛，节明显。单叶对生；叶片卵形、卵状长圆形或披针形，先端短尖、渐尖或尾尖，基部圆形；托叶披针形，脱落。花单生于叶腋，常对生；花梗上部有 1 对小苞片；花冠白色或黄色，高脚碟状；雄蕊 5 枚，伸出花冠外。蒴果稍扁球形，表面有浅沟，熟时淡黄色，萼裂片宿存。

花 果 期：花期 5 ～ 7 月，果期 5 ～ 12 月。

分　　布：广西各地。

用　　途：药用。

牛白藤 *Hedyotis hedyotidea* (DC.) Merr.

科　　属：茜草科耳草属。

识别特征：藤状灌木。嫩枝方柱形，被粉末状柔毛。单叶对生；叶片长卵形或卵形，先端短尖或短渐尖，基部楔形或钝，腹面粗糙，背面被柔毛；叶柄腹面有槽；托叶先端平截，有 4 ～ 6 条刺状毛。伞形头状花序腋生或顶生；花 4 基数；花冠白色。蒴果近球形，顶部隆起。

花　果　期：花果期 4 ～ 11 月。

分　　布：广西各地。

用　　途：药用。

巴戟天 *Morinda officinalis* F. C. How

科　　属：茜草科巴戟天属。

识别特征：木质藤本。肉质根不定位肠状缢缩，干后紫蓝色。老枝具棱，棕色或蓝黑色。单叶对生；叶片长圆形、卵状长圆形或倒卵状长圆形，先端急尖或具小短尖，基部钝、圆形或楔形，边缘全缘；叶柄密被短粗毛；托叶顶部平截。头状花序，3～7个再排成顶生伞形花序；花序梗被短柔毛；无花梗；花冠白色。聚花核果由多花或单花发育而成，熟时红色，扁球形或近球形。

花 果 期：花期5～7月，果期10～11月。

分　　布：广西各地。

用　　途：观赏、药用。

鸡眼藤 *Morinda parvifolia* Bartl. ex DC.

科　　属：茜草科巴戟天属。

识别特征：攀缘、缠绕或平卧藤本。幼枝密被短粗毛，具细棱。单叶对生；叶形多变，叶片倒卵形、线状倒披针形、近披针形、倒披针形或倒卵状长圆形，先端急尖、渐尖或具小短尖，基部楔形，边缘全缘；叶柄被短粗毛；托叶筒状，先端平截。头状花序再排成伞形花序，顶生；花序梗被短细毛；花冠白色或绿白色。聚花核果近球形，熟时红色至橘红色。

花 果 期：花期4～6月，果期7～8月。

分　　布：桂南地区。

用　　途：药用。

羊角藤 *Morinda umbellata* L. subsp. *obovata* Y. Z. Ruan

科　　属：茜草科巴戟天属。

识别特征：攀缘或缠绕藤本。嫩枝无毛，绿色；老枝具细棱，蓝黑色。单叶对生；叶片倒卵形、倒卵状披针形或倒卵状长圆形，先端渐尖或具小短尖，基部渐狭或楔形，边缘全缘；托叶筒状，顶平截。头状花序，3～11个再排成顶生伞形花序；花4～5基数，无花梗；花冠白色。聚花核果由3～7朵花发育而成，熟时红色，近球形或扁球形。

花 果 期：花期6～7月，果期10～11月。

分　　布：桂南地区、桂北地区、桂东地区、桂西地区。

用　　途：药用。

羊角藤 *Morinda umbellata* L. subsp. *obovata* Y. Z. Ruan

楠藤 *Mussaenda erosa* Champ. ex Benth.

科　　属：茜草科玉叶金花属。

别　　名：啮叶玉叶金花。

识别特征：攀缘灌木。小枝无毛。单叶对生；叶片长圆形、卵形或长圆状椭圆形，先端短尖或长渐尖，基部楔形；托叶长三角形，2深裂。伞房状多歧聚伞花序顶生，花疏生；花叶宽椭圆形，先端圆形或短尖；花冠橙黄色。浆果近球形或宽椭球形，无毛，顶部有萼檐脱落后的环状疤痕。

花 果 期：花期4～7月，果期9～12月。

分　　布：桂南地区、桂北地区、桂东地区、桂西地区。

用　　途：观赏、药用。

玉叶金花 *Mussaenda pubescens* W. T. Aiton

科　　属：茜草科玉叶金花属。

识别特征：攀缘灌木。嫩枝被柔毛。单叶对生或轮生；叶片卵状长圆形或卵状披针形，先端渐尖，基部楔形，背面密被柔毛；叶柄被柔毛；托叶三角形，2深裂。聚伞花序顶生，花密集；花叶宽椭圆形，两面被柔毛；花冠黄色。浆果近球形，疏被柔毛，顶部有萼檐脱落后的环状疤痕，干后黑色。

花 果 期：花期4～7月，果期6～12月。

分　　布：广西各地。

用　　途：观赏、药用、生态修复。

茸毛鸡矢藤 *Paederia lanuginosa* Wall.

科　　属：茜草科鸡矢藤属。

识别特征：大型藤本。幼枝密被绵毛。单叶，茎中部的叶交互对生；叶片椭圆形或长圆状椭圆形，先端渐尖，基部心形或近圆形，背面浅灰色至银白色；叶柄被柔毛；托叶三角形，先端2深裂。花序生于侧枝的顶部或腋生；花序梗密被绵毛和短毛；花冠白色或暗紫色。果长圆柱状椭球形，两侧压扁，顶部有宿存的萼檐裂片。

花果期：花期6～7月，果期8月至翌年2月。

分　　布：南宁有栽培。

用　　途：观赏、药用、生态修复。

鸡矢藤 *Paederia scandens* (Lour.) Merr.

科　　属：茜草科鸡矢藤属。

识别特征：缠绕藤状灌木。单叶对生；叶片形状变化很大，卵形、卵状长圆形或披针形，先端急尖或渐尖，基部楔形、近圆形或平截，有时浅心形。聚伞圆锥花序腋生或顶生，扩展，分枝对生，末次分枝上着生的花常呈蝎尾状排列；花冠浅紫色。果球形，熟时近黄色，顶部冠以宿存的花盘和萼檐裂片。

花 果 期：花期5～10月，果期6～12月。

分　　布：广西各地。

用　　途：食用、药用。

蔓九节 *Psychotria serpens* L.

科　　属：茜草科九节属。

识别特征：攀缘或匍匐藤本，常以气生根攀附于树干或岩石上。幼枝有细条纹，攀附枝有 1 列短而密的气生根。单叶对生；幼树的叶片卵形或倒卵形，老树的叶片椭圆形、披针形、倒披针形或倒卵状长圆形，先端短尖、钝或渐锐尖，基部楔形或稍圆；托叶膜质，鞘状。圆锥状或伞房状聚伞花序顶生，常三歧分枝；花冠白色。浆果状核果球形或椭球形，表面具纵棱，熟时白色。

花 果 期：花期 4～6 月，果期全年。

分　　布：桂东地区、桂南地区。

用　　途：观赏、药用。

钩藤 *Uncaria rhynchophylla* (Miq.) Miq. ex Havil.

科　　属：茜草科钩藤属。

别　　名：膜叶钩藤。

识别特征：木质藤本。嫩枝方柱形或略有 4 条纵棱。单叶对生；叶片椭圆形或椭圆状长圆形，先端短尖或骤尖，基部楔形至截形，干时褐色或红褐色；托叶狭三角形，2 深裂达全长的 2/3，裂片线形至三角状披针形。头状花序单生于叶腋，花序梗具 1 节；花近无梗。蒴果小，被短柔毛；宿存萼裂片近三角形，星状辐射。

花　果　期：花果期 5 ～ 12 月。

分　　布：广西各地。

用　　途：观赏、药用。

华南忍冬 *Lonicera confusa* (Sweet) DC.

科　　属：忍冬科忍冬属。

识别特征：木质藤本。幼枝、叶柄和花序梗均密被灰黄色卷柔毛，并疏生微腺毛。单叶对生；叶片卵形或卵状矩圆形，先端尖或稍钝，具小短尖头，基部圆形、平截或带心形，幼时两面有糙毛。双花腋生或于小枝、侧生短枝顶集成短总状花序，具总苞叶；花冠白色，后变黄色，唇形。浆果熟时黑色，椭球形或近球形。

花　果　期：花期4～5月，有时9～10月第二次开花，果期10月。

分　　布：桂南地区、桂东地区。

用　　途：观赏、食用、药用、生态修复。

菰腺忍冬 *Lonicera hypoglauca* Miq.

科　　属：忍冬科忍冬属。

识别特征：木质藤本。幼枝、叶柄、叶片两面中脉及花序梗均密被上端弯曲的淡黄褐色柔毛，有时有糙毛。单叶对生；叶片卵形或卵状矩圆形，先端渐尖或尖，基部近圆形或带心形，背面有无柄或具极短柄的黄色或橘红色蘑菇状腺毛。双花单生至多朵集生于侧生短枝，或于小枝顶集成总状花序；花冠白色，有时有淡红色晕，后变黄色，唇形。浆果近球形，熟时黑色。

花　果　期：花期 4 ～ 6 月，果期 10 ～ 11 月。

分　　布：广西各地。

用　　途：观赏、食用、药用、生态修复。

忍冬 *Lonicera japonica* Thunb.

科　　属：忍冬科忍冬属。

别　　名：金银花。

识别特征：半常绿藤本。幼枝暗红褐色，密被硬直糙毛、腺毛和柔毛。单叶对生；叶片卵形或矩圆状卵形，先端尖或渐尖，基部圆形或近心形，有糙缘毛，小枝上部叶片两面均密被糙毛；叶柄密被柔毛。花序梗常单生于小枝上部叶腋，密被柔毛，兼有腺毛；花冠白色，后变黄色，唇形。浆果球形，熟时蓝黑色。

花　果　期：花期 4～6 月（秋季也常开花），果期 10～11 月。

分　　布：桂北地区。

用　　途：观赏、食用、药用、生态修复。

东风草 *Blumea megacephala* (Randeria) C. C. Chang et Y. Q. Tseng

科　　属：菊科艾纳香属。

别　　名：大头艾纳香。

识别特征：攀缘草质藤本。茎多分枝，有明显的纵沟纹。单叶互生；茎下部和中部的叶片卵形、卵状长圆形或长椭圆形，先端短尖，基部圆形，边缘具疏细齿或点状齿；小枝上部的叶片椭圆形或卵状长圆形，边缘具细齿；具短柄。头状花序在腋生枝顶排成总状或近伞房状，再排成具叶的圆锥花序；筒状花花冠黄色。瘦果圆柱形，被疏毛；冠毛白色。

花 果 期：花期 8 ～ 12 月。

分　　布：广西各地。

用　　途：药用。

千里光 *Senecio scandens* Buch. -Ham. ex D. Don

科　　属：菊科千里光属。

识别特征：攀缘草本。茎伸长，多分枝。单叶互生；叶片卵状披针形或长三角形，先端渐尖，基部宽楔形、平截、戟形，边缘近全缘至具齿；茎上部叶片变小，披针形或线状披针形，先端长渐尖。头状花序在茎枝端排成聚伞圆锥花序；花序轴分枝和花序梗均被柔毛；舌状花花冠黄色。瘦果圆柱形，被柔毛。

花　果　期：花期8月至翌年4月。

分　　布：广西各地。

用　　途：观赏、药用。

毒根斑鸠菊 *Vernonia cumingiana* Benth.

科　　属：菊科斑鸠菊属。

识别特征：攀缘灌木。枝圆柱形，具条纹，密被锈色或灰褐色茸毛。单叶互生；叶片卵状长圆形、长圆状椭圆形或长圆状披针形，先端尖或短渐尖，基部楔形或近圆形，边缘全缘；叶背、叶柄均被锈色毛。头状花序在枝端或上部叶腋排成疏圆锥花序；筒状花花冠淡红色或淡紫红色。瘦果近圆柱形，被柔毛；冠毛红色或红褐色。

花　果　期：花期 10 月至翌年 4 月。

分　　布：桂南地区、桂中地区、桂东地区、桂西地区。

用　　途：药用。

光耀藤 *Vernonia elliptica* Candolle

科　属：菊科斑鸠菊属。

识别特征：攀缘亚灌木。全株被银灰色绢毛。单叶互生；叶片长椭圆形，边缘全缘。头状花序多数，于分枝末端排成圆锥花序；筒状花花冠白色，先端略粉红色。瘦果。

花果期：花期2～3月。

分布：桂南地区有栽培。

用途：观赏。

光耀藤 *Vernonia elliptica* Candolle

260

斑茎蔓龙胆 *Crawfurdia maculaticaulis* C. Y. Wu ex C. J. Wu

科　　属：龙胆科蔓龙胆属。

别　　名：节紫花。

识别特征：多年生缠绕草本。茎黄绿色，具青紫色斑点，粗壮，圆柱形，具细条棱。茎生叶卵形或椭圆形，先端渐尖呈尾状，基部圆形，边缘反卷、波状；基出脉 3～5 条；叶柄扁平，花枝上的叶柄较短。聚伞花序腋生，具多朵花；花萼黄绿色或带紫色，钟形；花冠紫色，钟形。蒴果熟时褐色，扁平，椭圆形；果梗与果体约等长。

花　果　期：花果期 10 月至翌年 5 月。

分　　布：桂西地区。

用　　途：观赏。

斑茎蔓龙胆 *Crawfurdia maculaticaulis* C. Y. Wu ex C. J. Wu

细茎双蝴蝶 *Tripterospermum filicaule* (Hemsl.) Harry Sm.

科　　属：龙胆科双蝴蝶属。

识别特征：多年生缠绕草本。茎圆柱形，具细条棱，上部螺旋状扭转。基生叶近簇生，紧密，卵形，先端渐尖或急尖，基部宽楔形，边缘细波状，叶柄宽扁；茎生叶卵形、卵状披针形或披针形，先端渐尖，基部近圆形、平截或近心形，边缘细波状，叶柄基部抱茎。单花腋生或2～3朵排成聚伞花序；花梗长短不等；花冠蓝色、紫色、粉红色。浆果熟时紫红色，椭球形，果全部或大部分伸出花冠外。

花　果　期：花果期8月至翌年1月。

分　　布：桂西地区、桂南地区。

用　　途：观赏。

金钱豹 *Campanumoea javanica* Blume subsp. *japonica* (Maxim. ex Makino) D. Y. Hong

科　　属：桔梗科金钱豹属。

识别特征：缠绕草质藤本。植株具乳汁。根胡萝卜状。茎多分枝。单叶对生；叶片心形或心状卵形，边缘具浅齿；叶柄长。花单生于叶腋，无毛；花萼与子房分离，5 裂至近基部，花萼裂片卵状披针形或披针形；花冠外面白色或黄绿色，内面紫色，钟状。浆果球形，熟时黑紫色或紫红色。

花 果 期：花果期 8 ～ 11 月。

分　　布：桂北地区、桂西地区、桂南地区。

用　　途：观赏、食用、药用。

金杯花 *Solandra guttata* **D. Don**

科　　属：茄科金盏藤属。

识别特征：藤状灌木。单叶互生；叶片长椭圆形，浓绿色。单花顶生，花形巨硕；花冠杯状，淡黄色或金黄色，花冠裂片向外卷曲，每枚裂片中央有 1 条紫褐色条纹延伸至冠喉；雄蕊 5 枚，自花冠筒伸出。浆果球形。

花 果 期：花期 3 ～ 10 月。

分　　布：南宁有栽培。

用　　途：观赏。

悬星花 *Solanum seaforthianum* Andrews

科　　属：茄科茄属。

别　　名：南青杞。

识别特征：木质藤本。茎纤细，光滑无毛。单叶互生；叶片羽状，5～9裂，以7裂最多，裂片边缘全缘。聚伞圆锥花序顶生或与叶对生，下垂；花冠紫色，辐状。浆果球形，熟时深红色。

花 果 期：花期夏秋季。

分　　布：南宁有栽培。

用　　途：观赏。

东京银背藤 *Argyreia pierreana* Boiss.

科　　属：旋花科银背藤属。

别　　名：白花银背藤。

识别特征：缠绕木质藤本。茎及分枝圆柱形，幼枝被长柔毛。单叶互生；叶片卵形，先端锐尖，基部近圆形至楔形，背面被白色柔软的茸毛；叶柄、花序梗均被黄色长柔毛。聚伞花序密集如头状；苞片形如总苞状，宽卵形，外面被黄色短柔毛，内面红色；萼片卵形，玫瑰红色，外面被白色短柔毛；花冠漏斗状，紫红色或淡红色。浆果球形，熟时红色，为增大的宿存萼片包被。

花 果 期：花期 7 ～ 10 月，果期 10 月至翌年 2 月。

分　　布：桂南地区、桂北地区、桂西地区。

用　　途：观赏、药用、生态修复。

苞叶藤 *Blinkworthia convolvuloides* Prain

科　　属：旋花科苞叶藤属。

识别特征：攀缘或蔓生小灌木。枝条细，先端缠绕，被粗伏毛。单叶互生；叶片椭圆形或长圆形，先端钝圆，具小尖头，基部宽楔形或近圆形；叶柄稍扭曲。聚伞花序腋生，具 1 朵花；花序梗下弯，中部具 3 ~ 4 枚匙形近叶状的小苞片；花冠钟状，白色、淡绿色或黄色，中部以上具 5 条瓣中带。浆果卵球形，为宿存萼包被。

花 果 期：花期 9 ~ 10 月。

分　　布：桂西地区。

用　　途：药用。

猪菜藤 *Hewittia malabarica* (L.) Suresh

科　　属：旋花科猪菜藤属。

识别特征：一年生缠绕草本。茎细长，有细棱，被柔毛。单叶互生；叶片卵形、心形或戟形，先端短尖或锐尖，基部心形、戟形或近截形，边缘全缘或 3 裂；叶柄密被短柔毛。聚伞花序腋生，通常具 1 朵花；萼片 5 枚，外面 3 枚卵形，果期稍增大，内部 2 枚较小；花冠钟状，黄色或白色。蒴果球形，表面被毛，为宿存萼包被。

花 果 期：花果期全年。

分　　布：桂南地区。

用　　途：观赏。

毛牵牛 *Ipomoea biflora* (L.) Pers.

科　　属：旋花科番薯属。

别　　名：篱番薯。

识别特征：一年生攀缘或缠绕草本。茎细长，有纵棱，被灰白色倒向硬毛。单叶互生；叶片心形或三角状心形，先端渐尖，基部心形，边缘全缘，两面及叶柄均被长硬毛。聚伞花序腋生，具2 朵花；花冠白色，窄钟状。蒴果近球形。

花 果 期：花期7～8月，果期9～10月。

分　　布：桂南地区、桂西地区、桂东地区、桂中地区。

用　　途：药用。

毛牵牛 *Ipomoea biflora* (L.) Pers.

五爪金龙 *Ipomoea cairica* (L.) Sw.

科　　属： 旋花科番薯属。

识别特征： 多年生缠绕草本。全株无毛。茎细长，有细棱。单叶互生；叶片掌状 5 深裂或全裂，基部楔形渐狭，裂片卵状披针形、卵形或椭圆形，先端渐尖或稍钝，具小短尖头，边缘全缘或不规则微波状；叶柄基部具小的掌状 5 裂的假托叶。聚伞花序腋生；花冠紫红色、紫色或淡红色，漏斗状。蒴果近球形，熟时 4 瓣裂。

花 果 期： 花期 4～5 月。

分　　布： 广西各地。

用　　途： 观赏、药用。

牵牛 *Ipomoea nil* (L.) Roth

科　　属：旋花科番薯属。

别　　名：大牵牛花。

识别特征：一年生缠绕草本。全株被开展的微硬毛或硬毛。单叶互生；叶片宽卵形或近圆形，3～5裂，先端渐尖，基部心形。聚伞花序腋生，至少具1朵花；萼片披针状线形；花冠蓝紫色或紫红色，筒部色淡。蒴果近球形。

花 果 期：花期夏秋季。

分　　布：广西各地有栽培。

用　　途：观赏、药用。

厚藤 *Ipomoea pes-caprae* (L.) R. Brown

科　　属：旋花科番薯属。

识别特征：多年生平卧或缠绕草本。全株无毛。单叶互生；叶片肉质，卵形、椭圆形、圆形、肾形或长圆形，基部阔楔形、平截至浅心形，先端微缺或2裂，裂片圆形；背面近基部中脉两侧各有1个腺体。多歧聚伞花序腋生，有时仅1朵花发育；花冠紫色或深红色，漏斗状。蒴果球形，熟时4瓣裂。

花 果 期：花期全年。

分　　布：桂南地区。

用　　途：观赏、药用、生态修复。

圆叶牵牛 *Ipomoea purpurea* (L.) Roth

科　　属：旋花科番薯属。

识别特征：一年生缠绕草本。茎、叶柄、花序梗均被短柔毛，杂有长硬毛。单叶互生；叶片心形或宽卵状心形，先端锐尖、骤尖或渐尖，基部圆形或心形，边缘通常全缘，偶有 3 裂，两面被刚伏毛。花腋生，单朵或 2～5 朵着生于花序梗顶端排成伞形聚伞花序；花梗被倒向短柔毛及长硬毛；花冠漏斗状，紫红色、红色或白色，花冠筒通常白色，瓣中带内面色深、外面色淡。蒴果近球形，熟时 3 瓣裂。

花 果 期：花期 5～10 月，果期 8～11 月。

分　　布：广西各地有栽培。

用　　途：观赏、药用。

金钟藤 *Merremia boisiana* (Gagnep.) Ooststr.

科　　属：旋花科鱼黄草属。

识别特征：大型缠绕草本或亚灌木。茎圆柱形，具不明显细棱；幼枝中空。单叶互生；叶片近圆形，先端渐尖或骤尖，基部心形，边缘全缘。伞房状聚伞花序腋生；总花序梗、花序梗、花梗、苞片均被锈黄色短柔毛；结果时花梗伸长增粗；花冠黄色，宽漏斗状或钟状。蒴果圆锥状球形，熟时 4 瓣裂。

花 果 期：花期 4 ～ 5 月。

分　　布：桂南地区、桂西地区。

用　　途：观赏、生态修复。

篱栏网 *Merremia hederacea* (Burm. f.) Hallier f.

科　　属：旋花科鱼黄草属。

别　　名：鱼黄草。

识别特征：缠绕或匍匐草本。茎细长。单叶互生；叶片心状卵形，先端渐尖或长渐尖，基部心形或深凹，边缘全缘或具不规则粗齿或裂齿，有时深裂或3浅裂；叶柄、花序梗、花梗均具小疣状突起。聚伞花序腋生；花冠黄色，钟状。蒴果扁球形或宽圆锥状，熟时4瓣裂。

花果期：花期9～11月。

分　　布：桂南地区、桂北地区、桂东地区、桂西地区。

用　　途：药用。

茑萝松 *Quamoclit pennata* (Desr.) Boj.

科　　属：旋花科茑萝属。

识别特征：一年生柔弱缠绕草本。全株无毛。单叶互生；叶片卵形或长圆形，羽状深裂至中脉，具线形至丝状的平展细裂片，裂片先端锐尖；叶柄基部常具假托叶。聚伞花序腋生；花序梗长大多超过叶长，花直立；萼片绿色；花冠高脚碟状，深红色。蒴果卵形，熟时4瓣裂。

花 果 期：花期7～10月。

分　　布：广西各地有栽培。

用　　途：观赏、药用。

广西芒毛苣苔 *Aeschynanthus austroyunnanensis* W. T. Wang var. *guangxiensis* (Chun ex W. T. Wang) W. T. Wang

科　　属: 苦苣苔科芒毛苣苔属。

识别特征: 攀缘小灌木。单叶对生; 叶片椭圆形或窄圆形, 先端急尖或微钝, 基部宽楔形或楔状圆形, 边缘全缘; 叶柄粗。花 1 ～ 2 朵生于腋生的短枝上; 花冠红色, 筒部细筒状; 雄蕊、雌蕊稍伸出花冠筒外。蒴果近线形。

花　果　期: 花期 7 月, 果期 12 月。

分　　布: 桂南地区、桂西地区。

用　　途: 观赏、药用。

攀缘吊石苣苔 *Lysionotus chingii* Chun ex W. T. Wang

科　　属：苦苣苔科吊石苣苔属。

识别特征：攀缘小灌木。茎有软且厚的木栓。单叶对生，同一对叶常不等大；叶片椭圆形、狭椭圆形或长圆形，先端渐尖，基部宽楔形或楔形，边缘全缘或具极不明显的小齿。聚伞花序腋生，具1朵花；花序梗丝状；花萼钟状；花冠白色或带淡绿色，筒部细漏斗状。蒴果线形。

花果期：花期7～9月，果期9月。

分　　布：桂南地区、桂西地区。

用　　途：观赏。

凌霄 *Campsis grandiflora* (Thunb.) K. Schum.

科　　属：紫葳科凌霄属。

别　　名：红花倒水莲。

识别特征：攀缘木质藤本，具气生根。奇数羽状复叶对生，具小叶 7～9 片；小叶卵形或卵状披针形，先端尾尖，基部宽楔形，两面无毛，边缘具粗齿。圆锥花序顶生；花萼钟状；花冠内面鲜红色，外面橙黄色。蒴果长圆柱形，顶部钝。

花　果　期：花期 5～8 月。

分　　布：广西各地。

用　　途：观赏、药用。

厚萼凌霄 *Campsis radicans* (L.) Seem.

科　　属：紫葳科凌霄属。

识别特征：攀缘木质藤本，具气生根。奇数羽状复叶对生，具小叶 9～11 片；小叶椭圆形至卵状椭圆形，先端尾状渐尖，基部楔形，边缘具齿，背面被毛。圆锥花序顶生；花萼钟状；花冠漏斗状，橙红色至鲜红色，花冠筒筒部为花萼长的 3 倍。蒴果长圆柱形，顶部具喙尖，沿缝线具龙骨状突起。

花 果 期：花期夏秋季。

分　　布：南宁有栽培。

用　　途：观赏、药用。

蒜香藤 *Mansoa alliacea* (Lam.) A. H. Gentry

科　　属：紫葳科蒜香藤属。

识别特征：常绿木质藤本。枝条披垂，节部肿大；揉搓有蒜香味。三出复叶对生；小叶椭圆形，基部偏斜，有光泽，顶生小叶常卷须状或脱落。聚伞花序顶生和腋生，花密集；花冠漏斗状，鲜紫色或带紫红色，凋落时变白色。蒴果扁平，长线形。

花 果 期：花期春季至秋季，盛花期 8 ～ 10 月。

分　　布：桂南地区有栽培。

用　　途：观赏、药用。

蒜香藤 *Mansoa alliacea* (Lam.) A. H. Gentry

粉花凌霄 *Pandorea jasminoides* (L.) Schum.

科　　属：紫葳科粉花凌霄属。

识别特征：常绿木质藤本。植株无卷须，全株无毛。奇数羽状复叶对生，具小叶 5～9 片；小叶椭圆形至披针形，先端渐尖，基部偏斜，边缘全缘。圆锥花序顶生；花冠漏斗状钟形，白色，喉部红色。蒴果长椭球形，木质。

花　果　期：花期夏秋季。

分　　布：南宁有栽培。

用　　途：观赏。

品　　　种：斑叶粉花凌霄（*Pandorea jasminoides* 'Ensel–Variegata'）小叶腹面有乳白色或乳黄色斑块。

非洲凌霄 *Podranea ricasoliana* (Tanf.) Sprague

科　　属：紫葳科非洲凌霄属。

别　　名：紫云藤。

识别特征：常绿攀缘木质藤本。植株无卷须。奇数羽状复叶对生，具小叶 9 ～ 13 片；小叶长卵形，先端尖，基部圆形，边缘具齿；叶柄腹面具沟，基部紫黑色。圆锥花序顶生；花冠漏斗状钟形，顶部 5 裂，粉红色至紫红色。蒴果线形。

花 果 期：花期 11 月至翌年 6 月。

分　　布：广西各地有栽培。

用　　途：观赏。

炮仗花 *Pyrostegia venusta* (Ker -Gawl.) Miers

科　　属：紫葳科炮仗藤属。

识别特征：攀缘木质藤本。羽状复叶对生，具小叶 2 ～ 3 片；小叶卵形，先端渐尖，基部近圆形，两面无毛，边缘全缘；顶生小叶常变为三歧丝状卷须。
圆锥花序生于侧枝顶端；花萼钟状；花冠筒状，基部缢缩，橙红色，花冠裂片 5 枚，长椭圆形，花蕾期呈镊合状排列，花开后反折。蒴果舟状。

花 果 期：花期 1 ～ 6 月。

分　　布：广西各地有栽培。

用　　途：观赏、药用。

硬骨凌霄 *Tecomaria capensis* (Thunb.) Spach

科　　属：紫葳科硬骨凌霄属。

识别特征：常绿攀缘灌木。枝细长，绿褐色，常有小瘤状突起。奇数羽状复叶对生，具小叶7～9片；小叶卵形至宽椭圆形，先端急尖或渐尖，基部偏斜，边缘具不规则钝粗齿。总状花序顶生；花萼钟形；花冠橙红色至鲜红色，有深红色纵纹，弯曲，二唇形。蒴果。

花 果 期：花期春季，果期夏季。

分　　布：广西各地有栽培。

用　　途：观赏、药用。

翼叶山牵牛 *Thunbergia alata* Bojer ex Sims

科　　属：爵床科山牵牛属。

识别特征：缠绕草本。茎具 2 条纵沟槽，被倒向柔毛。单叶对生；叶片卵状箭头形或卵状稍戟形，先端锐尖，基部箭形或稍戟形，边缘全缘或具 2～3 枚短齿；基出脉 5 条；叶柄具翼。花单生于叶腋；小苞片卵形；花萼筒顶部具 10 枚不等大的小齿；花冠喉蓝紫色，冠檐黄色，花冠裂片倒卵形。蒴果表面被开展柔毛，喙长约 1.4 cm。

花 果 期：花期 10 月至翌年 3 月，果期翌年 2～5 月。

分　　布：桂南地区。

用　　途：观赏。

红花山牵牛 *Thunbergia coccinea* Wall.

科　　属：爵床科山牵牛属。

识别特征：攀缘灌木。茎枝具9条纵棱。单叶对生；叶片宽卵形、卵形或披针形，先端渐尖，基部圆形或心形，边缘波状或具疏离的大齿；基出脉5～7条；叶柄腹面有沟。总状花序顶生或腋生，下垂；花序梗、花序轴、花梗和小苞片均被短柔毛；苞片叶状，无柄；小苞片长圆形；花冠红色，花冠筒和喉间缢缩。蒴果表面无毛，喙长1.5～2.3 cm。

花　果　期：花期9月至翌年1月，果期翌年1～5月。

分　　布：桂南地区有栽培。

用　　途：观赏、药用。

山牵牛 *Thunbergia grandiflora* Roxb.

科　　属：爵床科山牵牛属。

识别特征：攀缘灌木。小枝初密被柔毛。单叶对生；叶片卵形、宽卵形或心形，边缘有 2～8 枚宽三角形裂片，腹面被柔毛，粗糙，背面及叶柄被柔毛；基出脉 5～7 条。花单生于叶腋或排成顶生的总状花序；小苞片长圆状卵形，被短柔毛；花冠筒部和喉部均白色，冠檐蓝紫色，花冠裂片圆形或宽卵形。蒴果表面被短柔毛，喙长约 2 cm。

花 果 期：花期 8 月至翌年 1 月，果期 11 月至翌年 3 月。

分　　布：广西各地。

用　　途：观赏、药用。

桂叶山牵牛 *Thunbergia laurifolia* Lindl.

科　　属：爵床科山牵牛属。

识别特征：高大藤本。枝叶无毛。茎枝近四棱柱形，具沟状突起。单叶对生；叶片长圆形或长圆状披针形，边缘全缘或具不规则波状齿；基出脉 3 条，脉及小脉间具泡状突起。总状花序顶生或腋生；小苞片长圆形，边缘向先端密被短柔毛，向轴面边缘粘连成佛焰苞状；花冠筒部和喉部均白色，冠檐淡蓝色，花冠裂片圆形。蒴果，喙长约 2.8 cm。

花 果 期：花期几乎全年。

分　　布：桂南地区有栽培。

用　　途：观赏、生态修复。

黄花老鸦嘴 *Thunbergia mysorensis* (Wight) T. Anderson

科　　属：爵床科山牵牛属。

识别特征：常绿木质藤本。茎近圆柱形。单叶对生；叶片狭卵状披针形至狭卵状椭圆形，先端长渐尖，基部楔形，边缘具齿。总状花序腋生，悬垂；花萼红褐色，萼筒顶部2裂，包覆1/3的花冠；花冠尖锄状，内面鲜黄色，外面紫红色，花冠裂片反卷。蒴果。

花果期：自然花期冬季，温度适合时几乎可全年开花。

分　　布：南宁有栽培。

用　　途：观赏。

苦郎树 *Clerodendrum inerme* (L.) Gaertn.

科　　属：马鞭草科大青属。

别　　名：假茉莉。

识别特征：攀缘灌木，根、茎、叶均有苦味。茎直立或平卧；幼枝四棱柱形，被短柔毛。单叶对生；叶片卵形、椭圆形、椭圆状披针形、卵状披针形，先端钝尖，基部楔形或宽楔形，边缘全缘，两面散生黄色细小腺点。聚伞花序通常由3朵花组成，腋生；花芳香；花冠白色；花丝紫红色，细长，与花柱同伸出花冠筒外。核果倒卵形，多汁液，外果皮黄灰色，具宿存萼。

花 果 期：花果期3～12月。

分　　布：桂南地区、桂东地区、桂西地区。

用　　途：观赏、药用、生态修复。

红萼龙吐珠 *Clerodendrum speciosum* W. Bull

科　　属：马鞭草科大青属。

识别特征：常绿木质藤本。小枝绿紫色。单叶对生；叶片卵状椭圆形，先端渐尖，基部钝圆至近心形，边缘全缘。圆锥状聚伞花序顶生或腋生，多花；花萼粉红色至淡紫色；花冠深红色；雌蕊、雄蕊细长，突出花冠筒外。核果球形，藏于宿存萼内。

花 果 期：花期春季至秋末。

分　　布：桂南地区有栽培。

用　　途：观赏、生态修复。

红萼龙吐珠 *Clerodendrum speciosum* W. Bull

龙吐珠 *Clerodendrum thomsoniae* Balf. f.

科　　属：马鞭草科大青属。

识别特征：攀缘灌木。幼枝四棱柱形，被黄褐色短茸毛。单叶对生；叶片狭卵形或卵状长圆形，先端渐尖，基部近圆形，边缘全缘。聚伞花序腋生或假顶生；花萼白色；花冠深红色，从花萼筒中伸出；雄蕊与花柱很长，均伸出花冠筒。核果近球形，熟时棕黑色；宿存萼红紫色。

花　果　期：花期 3～5 月。

分　　布：桂南地区有栽培。

用　　途：观赏、药用。

绒苞藤 *Congea tomentosa* Roxb.

科　　属：马鞭草科绒苞藤属。

识别特征：攀缘灌木。小枝近圆柱形，幼时密生黄色茸毛，有环状节。单叶对生；叶片椭圆形、卵圆形或阔椭圆形，先端尖至渐尖，基部圆形或近心形；叶背、叶柄均密生长柔毛。聚伞花序紫红色，密生白色长柔毛，常再排成圆锥花序；总苞片3～4枚，青紫色，密生长柔毛。核果顶部凹陷，包藏于稍膨大的宿存萼内。

花 果 期：花期2～3月。

分　　布：南宁有栽培。

用　　途：观赏。

蓝花藤 *Petrea volubilis* L.

科　　属：马鞭草科蓝花藤属。

识别特征：缠绕木质藤本。小枝灰白色，具椭圆形皮孔，被毛，叶痕明显。单叶对生；叶片椭圆状长圆形或卵状椭圆形，先端钝或短尖，基部圆形，边缘全缘或稍波状；叶柄粗，被毛。总状花序顶生，下垂，被短毛；花萼筒陀螺形，密被褐色微茸毛，花萼裂片窄长圆形；花冠蓝紫色，密被微茸毛。果藏于宿存萼管内。

花　果　期：花期 4 ～ 5 月。

分　　布：桂中地区、桂南地区有栽培。

用　　途：观赏。

毛楔翅藤 *Sphenodesme mollis* Craib

科　　属：马鞭草科楔翅藤属。

识别特征：攀缘藤本。小枝纤细，疏生皮孔。单叶对生；叶片椭圆状长圆形，先端锐尖至渐尖，基部楔形。聚伞花序排成腋生或顶生的圆锥花序；花萼筒顶部 5 浅裂，花萼裂片间有小附齿，外面有丝状茸毛；花冠筒漏斗状，喉部内面有柔毛环，檐部 5 浅裂。核果表面疏生刺毛，包藏于倒圆锥状的宿存萼内。

花 果 期：花期 9 ～ 10 月，果期 10 ～ 11 月。

分　　布：南宁有栽培。

用　　途：观赏。

单子叶植物纲 Monocotyledoneae

竹叶吉祥草 *Spatholirion longifolium* (Gagnep.) Dunn

科　　属：鸭跖草科竹叶吉祥草属。

识别特征：缠绕草本。根须状，数条，粗壮。单叶互生；叶片披针形或卵状披针形，先端渐尖。圆锥花序；总苞片卵圆形；花无梗，花瓣紫色或白色。蒴果卵状三棱柱形，顶部有芒状突尖。

花　果　期：花期6～8月，果期7～9月。

分　　布：桂北地区、桂西地区。

用　　途：观赏、药用。

菝葜 *Smilax china* L.

科　　属：菝葜科菝葜属。

别　　名：金刚兜。

识别特征：攀缘灌木。根状茎粗厚，不规则块状。茎疏生刺。单叶互生；叶片圆形、卵形或宽卵形，背面常淡绿色，干后常红褐色或近古铜色；叶柄具叶鞘；叶鞘与叶柄近等宽，几乎全部具卷须，脱落点近卷须。伞形花序生于叶尚幼嫩的小枝上，常球形；花绿黄色。浆果熟时红色，表面有粉霜。

花 果 期：花期2～5月，果期9～11月。

分　　布：广西各地。

用　　途：观赏、药用、工业用。

小果菝葜 *Smilax davidiana* A. DC.

科　　属：菝葜科菝葜属。

识别特征：攀缘灌木。茎具疏刺。单叶互生；叶片常椭圆形，先端微凸或短渐尖，基部楔形或圆形，干后红褐色；叶柄较短，具叶鞘，有细卷须，脱落点近卷须上方；叶鞘耳状，比叶柄宽。伞形花序生于叶尚幼嫩的小枝上，多少呈半球形；花绿黄色。浆果熟时暗红色。

花 果 期：花期 3 ～ 4 月，果期 10 ～ 11 月。

分　　布：桂北地区。

用　　途：观赏、药用。

暗色菝葜 *Smilax lanceifolia* Roxb. var. *opaca* A. DC.

科　　属：菝葜科菝葜属。

识别特征：攀缘藤本。枝条具细条纹，无刺或稀具疏刺。单叶互生；叶片革质，卵状矩圆形、狭椭圆形至披针形，先端渐尖或骤尖，基部圆形或宽楔形，表面有光泽；叶柄具狭叶鞘，常有卷须，脱落点位于近中部。伞形花序常单生于叶腋；花序梗长于叶柄；花黄绿色。浆果熟时黑色。

花 果 期：花期9～11月，果期翌年11月。

分　　布：桂南地区、桂北地区、桂东地区、桂西地区。

用　　途：观赏、药用。

抱茎菝葜 *Smilax ocreata* A. DC.

科　　属：菝葜科菝葜属。

识别特征：攀缘灌木。茎疏生刺。单叶互生；叶片卵形或椭圆形，先端短渐尖，基部宽楔形至浅心形；叶柄基部两侧具耳状叶鞘，有卷须，脱落点位于近中部；叶鞘外折或近直立，穿茎状抱茎或枝。圆锥花序具 2 ～ 7 个伞形花序；花黄绿色，稍带淡红色。浆果熟时暗红色，表面具粉霜。

花 果 期：花期 3 ～ 6 月，果期 7 ～ 10 月。

分　　布：桂南地区、桂北地区、桂西地区。

用　　途：药用。

绿萝 *Epipremnum aureum* (Linden et André) G. S. Bunting

科　　属：天南星科麒麟叶属。

识别特征：高大藤本。茎攀缘，多分枝，节间具纵槽；幼枝鞭状，细长。单叶互生；幼枝上叶柄两侧具叶鞘，叶鞘达顶部且宿存，下部叶片大，宽卵形，先端短渐尖，基部心形；成熟枝上叶柄粗壮，上部具关节，腹面具宽槽，叶鞘长，叶片翠绿色，通常有不规则黄色斑块，边缘全缘，不对称卵形或卵状长圆形，先端短渐尖，基部深心形。

花 果 期：不易开花。

分　　布：广西各地有栽培。

用　　途：观赏、药用。

麒麟尾 *Epipremnum pinnatum* (L.) Engl.

科　　属：天南星科麒麟叶属。

别　　名：麒麟叶、爬树龙、飞天蜈蚣。

识别特征：攀缘藤本。茎圆柱形，多分枝；气生根具发达皮孔，紧贴在树皮或岩石上。单叶互生；幼叶狭披针形或披针状长圆形，基部浅心形；成熟叶宽长圆形，基部宽心形，沿中脉有 2 列零散的小穿孔，两侧不等羽状深裂；叶柄上部有膨大关节；叶鞘上达关节，渐撕裂，脱落。花序梗圆柱形，粗壮；佛焰苞外面绿色，内面黄色；肉穗花序圆柱形。浆果熟时绿色。

花 果 期：花期 4 ～ 5 月。

分　　布：桂南地区、桂西地区。

用　　途：观赏、药用。

龟背竹 *Monstera deliciosa* Liebm.

科　　属：天南星科龟背竹属。

识别特征：攀缘灌木。茎粗壮，绿色，叶痕半月形环状，具气生根。单叶互生；叶片心状卵形，边缘羽状分裂，侧脉间有 1～2 个空洞；叶柄绿色，背面扁平，腹面钝圆，边缘锐尖，基部对折抱茎；两侧叶鞘宽。花序梗绿色，粗糙；佛焰苞宽卵形，舟状，先端具喙，苍白色带黄色；肉穗花序近圆柱形，淡黄色。浆果熟时淡黄色。

花 果 期：花期 8～9 月，果于翌年花期后成熟。

分　　布：广西各地有栽培。

用　　途：观赏。

石柑子 *Pothos chinensis* (Raf.) Merr.

科　　属： 天南星科石柑属。

别　　名： 上树葫芦、葫芦草、石百足。

识别特征： 附生藤本。茎亚木质，表面具纵纹，节上常束生气生根，具分枝。单叶互生；叶片椭圆形、披针状卵形或披针状长圆形，先端渐尖至长渐尖，常有芒状尖头，基部钝；叶柄倒卵状长圆形或楔形。花序腋生；佛焰苞宽卵状，绿色，锐尖；肉穗花序椭球形或近球形，淡绿色或淡黄色。浆果熟时黄绿色至淡红色，卵球形或长圆柱形。

花 果 期： 花果期全年。

分　　布： 广西各地。

用　　途： 观赏、药用。

大百部 *Stemona tuberosa* Lour.

科　　属：百部科百部属。

别　　名：对叶百部。

识别特征：缠绕草质藤本。块根常纺锤形。茎少分枝，攀缘状。单叶对生或轮生；叶片卵状披针形或卵形，先端渐尖至短尖，基部心形，边缘稍波状。花单生或2～3朵排成总状花序，生于叶腋；花被片黄绿色带紫色脉纹。蒴果。

花　果　期：花期4～7月，果期5～8月。

分　　布：桂南地区、桂北地区、桂西地区、桂东地区。

用　　途：观赏、药用。

黄独 *Dioscorea bulbifera* L.

科　　属：薯蓣科薯蓣属。

别　　名：零余薯。

识别特征：缠绕草质藤本。块茎卵球形或梨形，棕褐色，密生细长须根。茎左旋，淡绿色或稍带红紫色；叶腋有紫棕色、具圆形斑点的珠芽。单叶互生；叶片宽卵状心形或卵状心形，先端尾尖，边缘全缘或微波状。雌雄花序均为穗状花序，常簇生于叶腋。蒴果反曲下垂，三棱柱状长圆柱形，熟时草黄色，密被紫色小斑点。

花 果 期：花期 7～10 月，果期 8～11 月。

分　　布：广西各地。

用　　途：观赏、药用。

日本薯蓣 *Dioscorea japonica* Thunb.

科　　属：薯蓣科薯蓣属。

别　　名：土淮山、黄药。

识别特征：缠绕草质藤本。块茎长圆柱形，棕黄色。茎右旋，绿色；叶腋有珠芽。单叶，茎下部的叶互生，中部以上的叶对生；叶片常三角状披针形、长椭圆状窄三角形或长卵形，下部的叶片宽卵状心形，先端渐尖，基部心形、箭形或戟形，边缘全缘。花雌雄异株；雌雄花序均为穗状花序，腋生。蒴果三棱柱状扁球形。

花 果 期：花期5～10月，果期7～11月。

分　　布：广西各地。

用　　途：食用、药用。

五叶薯蓣 *Dioscorea pentaphylla* L.

科　　属：薯蓣科薯蓣属。

识别特征：缠绕草质藤本。块茎常长卵球形，有多数细长须根。茎左旋，有皮刺；叶腋有不规则珠芽。掌状复叶，有 3～7 片小叶互生；中央小叶常倒卵状椭圆形，侧生小叶斜卵状椭圆形，先端短渐尖或突尖，边缘全缘。雄花序穗状排成圆锥状；雌花序为穗状花序。蒴果三棱柱状长椭球形，熟时黑色。

花 果 期：花期 8～10 月，果期 11 月至翌年 2 月。

分　　布：桂南地区。

用　　途：观赏、药用。

中文名索引

拉丁名索引

H

I

J

K

L

M

P

Q

R

S